Der Bockhuf

Entstehung, Verlauf und Therapie des erworbenen Bockhufs

R. Gadhöfer
K. Krüger
M. Zanger

ISBN-13: 978-3956250125

DER BOCKHUF

ENTSTEHUNG, VERLAUF & THERAPIE

LEHRBUCH DES LTZ

Reva Gadhöfer

Michael Zanger

Konstanze Krüger

Wir danken zudem
Frau Sabrina Kämmerer
für die Zurverfügungstellung des Titelbildes
und Herrn Markus Kohlmayr
für die Zurverfügungstellung des Bildes von
Reva Gadhöfer.

Vorwort Reva Gadhöfer

"Von Hufen habe ich keine Ahnung, da vertraue ich meinem Hufschmied." Solche und ähnliche Aussagen hört man leider viel zu oft von Pferdebesitzern und -betreuern. Diese Unwissenheit kann unter Umständen zu beträchtlichen Schäden führen. Die folgende Arbeit bringt Licht ins Dunkle im Bereich der Fehlstellung "Bockhuf". Es wird verständliches Wissen zu den Entstehungsursachen und den möglichen Korrekturen vermittelt. Ich hoffe, dass Sie und ihre Vierbeiner von diesem Buch profitieren können. Viel Spaß beim Lesen!

Vorwort Michael Zanger

Oft schreckt ein Bockhuf den Pferdebesitzer auf und oft wird man gefragt: „Kann man da noch etwas tun?“ Die gute Nachricht: Ja, man kann, aber das Zeitfenster für erfolgreiche Maßnahmen ist mitunter sehr eng. Dieses Buch soll helfen, den Bockhuf besser zu verstehen, so dass Pferdebesitzer früher und gezielter zusammen Therapeuten, Hufbearbeitern oder Tierärzten die Ursachen für den Bockhuf finden und diesen erfolgreich korrigieren können.

Vorwort Konstanze Krüger

Die Bearbeitung und Behandlung des Bockhufs stellt eine der großen Herausforderungen der modernen Pferdehaltung und Zucht dar. Es war mir ein großes Vergnügen als Co-Autorin an diesem großartigen, umfassenden Werk über die Ursachen, die Bedeutung und die Behandlung des Bockhufs mitzuarbeiten. Denn mit den Informationen des vorliegenden Werkes kann vielen Pferden viel Leid durch die Vermeidung falsche Diagnosen und verspäteter oder aussichtslosen Behandlungen erspart werden. Viel Spaß beim Lesen und viel Erfolg bei der Umsetzung der Ratschläge!

Inhalt

Einleitung

Durch die Domestikation des Pferdes zum Reit-, Zug- und Lasttier zwischen dem dritten und vierten Jahrtausend vor Christus, wandelten sich die Ansprüche an das Pferd (Isenbügel 2002). Die Hufe erfuhren eine höhere Belastung durch die Nutzungsänderung, welche einen starken Hornabrieb mit sich brachte. Lahme Pferde hatten keinen Nutzen mehr. Aus diesem Grund wurde schon im 13 vor Christus ein Hufschutz entwickelt, der aus Pflanzenfasern bestand.

Jedoch wurden angepasste Hufbeschläge, die Fehlstellungen, Krankheiten und Lahmheiten korrigieren, erst im 19. Jahrhundert entwickelt (Lingens et al. 2011) sowie die Erforschung von Huferkrankungen erst in den letzten 200 Jahren intensivier und das, obwohl die Leistung eines jeden Pferdes mit der Gesundheit der Hufe steht und fällt.

Gerade der Huf ist als Stützorgan von Bedeutung (Körber 2006). Ist zum Beispiel die Zehenachse gebrochen, kann dies Auswirkungen auf den ganzen Körper haben. Die häufigsten Erkrankungen, welche eine Brechung der Zehenachse mit sich führen, sind die Hufrehe, der Sehnenstelzfuß und der Bockhuf (Fuhrmann 2015).

Obwohl Bockhufe häufig auftreten, gibt es wenig evidenzbasierte Literatur dazu (Robert J. Hunt 2012).

Die Fehlstellung Bockhuf gehört zu den Beugefehlstellungen. Das bedeutet, dass der Fesselstand oder die Gliedmaßenstellung von der Norm abweichen und in ihrer Achse gebrochen sind. (Carstanjen und Kraft 2010) Der Bockhuf geht vom Hufgelenk aus und bricht die Zehenachse dorsal (Adams und Santschi 2000). Laut Körber (2006) wird ein steiler Huf als geringgradiger Bockhuf klassifiziert, sobald der Winkel der Zehenachse von 60 Grad überstiegen wird.

Als hochgradiger Bockhuf zählt ein 90 Grad steiler oder noch steilerer Huf (O'Grady 2012). Bockhufe treten innerhalb der ersten Lebensmonate auf und ihr Auslöser ist umstritten (Carstanjen und Kraft 2010). Die Ursache kann sowohl eine Überfütterung als auch ein Nährstoffmangel sein. Eine zu tiefe Einstreu kann durch das Einsinken der Zehe das Druckverhältnis vom Boden zur Zehe und Trachten verändern, das führt zum Abrieb der Zehe und zur Formveränderung des Hufes.

Eine weitere Ursache für einen erhöhten Zehenabrieb können auch harte Weideböden sein (Körber 2006). Außerdem können Verletzungen einen Bockhuf verursachen, denn dadurch kommt es zum Schonen einer Gliedmaße, was dazu führt, dass diese nicht genug belastet wird und sich die tiefe Beugesehne verkürzt (Stashak und Adams 2010). Des Weiteren kann das ständige Voranstellen einer Gliedmaße beim Grasen einen Bockhuf an der zurückgestellten Gliedmaße verursachen (O'Grady 2012).

Die Behandlung des Bockhufs kann unterschiedlich ausgeführt werden. Bei einem geringgradigen Bockhuf zählt das Abstellen der Ursache und das Dehnen bereits als Behandlung, was unterstützend zur Bearbeitung durch den Hufschmied durchgeführt werden kann. Wird ein Beschlag benötigt, kann je nach Fall ein spezielles Hufeisen, ein Klebehufschuh oder eine Zehenextension verwendet werden (Litzke et al. 2012). Bringt die Bearbeitung durch den Hufschmied keinen Erfolg, so muss der therapiebegleitende Tierarzt die Behandlung des Fohlens übernehmen. Dieser kann vor einer Operation das Antibiotikum Oxytetracyclin spritzen, welches die Verlängerung der Muskeln bewirkt und so die Herstellung einer normalen Fesselachse fördert (Adams und Santschi 2000).

Trägt auch diese Behandlung nicht zur Besserung bei, kann das Unterstützungsband der tiefen Beugesehne durchtrennt werden, um die Flexibilität im Fesselgelenk zu erhöhen (Stashak und Adams 2010).

Dieses Buch konzentriert sich auf den erworbenen Bockhuf. Es wird die Frage der Entstehungsursache des Bockhufs beantwortet. Des Weiteren wird geklärt, welche Faktoren den Verlauf und die Ausbildung der Fehlstellung fördern. Zuletzt werden verschiedene Therapiemethoden diskutiert, angefangen bei der Bearbeitung durch den Hufschmied bis zur Behandlung und Operation durch den Tierarzt.

Zu Beginn wird wissenschaftliche Literatur zum Thema Bockhuf vorgestellt. Der Literaturteil gliedert sich in die Anatomie der Gliedmaßen, den Bockhuf und den Einfluss des Bockhufs auf die Schrittlänge. In der Folge wird die verwendete Methode der Expertenbefragung und der qualitativen Sozialforschung beschrieben. Der nachfolgende Ergebnisteil stellt die Aussagen der einzelnen Experten zu den Forschungsfragen dar. In der Diskussion werden diese Aussagen mit der Literatur verglichen und die Vor- und Nachteile der gewählten Methode bewertet. Abschließend erfolgen eine Zusammenfassung und ein Fazit mit einem Ausblick auf weiterführende Forschungen.

Anatomie der Gliedmaße

Der erworbene Bockhuf kommt an den Vordergliedmaßen und den Hintergliedmaßen vor. Auftreten kann die Fehlbildung auch nur an einer Gliedmaße, unabhängig davon welchen Nutzungszweck das Pferd erfüllt (Körber 2006). Um die Entstehung, den Verlauf und die Therapie des erworbenen Bockhufs verstehen und nachvollziehen zu können, ist es wichtig die Anatomie der Pferdegliedmaße zu kennen. Im folgenden Kapitel werden die Knochenstruktur, die Anordnung von Sehnen und Bändern und die Anatomie des Hufes beschrieben.

Knochenstrukturen

Entwicklung der Gliedmaße der Equiden

Im Laufe der Evolution entwickelten sich verschiedene Möglichkeiten der Fortbewegung bei einzelnen Tiergruppen. Verschiedene Arten bewegen sich grundsätzlich in unterschiedlichen Geschwindigkeiten fort. Vor allem hängt das Überleben der Fluchttiere von ihrer Schnelligkeit ab. Für eine höhere Laufgeschwindigkeit wird eine Aufrichtung des Fußes mit einer Verlängerung der einzelnen Strukturen in den Gliedmaßen benötigt.

Die Verlängerung der Strukturen lässt ausgreifende Bewegungen zu und generiert somit eine höhere Geschwindigkeit. Als unguligrader Fuß wird der Fuß der Zehenspitzengänger bezeichnet und bildet die Voraussetzung für eine schnelle Fortbewegung. Durch die Entwicklung zum Zehenspitzengänger erfolgte eine Rückbildung der meisten Fingerglieder. Das Pferd läuft heute auf dem mittleren der fünf Glieder, was zur Förderung des Abrollmechanismus und zur Verringerung der reibenden Stützfläche, jedoch einer erhöhten Belastung der Gliedmaße führt (Nickel et al. 1968). Die Reduktion der Zehenknochen der Fluchttiere findet sich beim Pferd in ihrer extremen Form wieder (Solounias et al. 2018).

Wird ein Teil der Gliedmaße stärker beansprucht, reagiert die Epidermis, also die oberste Hautschicht, mit physiologischen Veränderungen. Bei den Equiden reagiert diese mit der Verhornung, woraus die Entstehung des Zehenendorgans resultierte (Klunder 2000).

Knochenwachstum

Das Knochenwachstum wird bedingt durch den Wachstumsfugen- oder Epiphysenfugenschluss. Dieser beginnt bei den Gliedmaßen der Pferde distal und verläuft proximal (Körber 2006). Die Ossifikation oder Verknöcherung setzt sich an den knorpeligen Enden der Epiphyse fort, welche an einem oder beiden Enden der Knochen sitzt. Durch eine beschleunigte Zellvermehrung wächst die Epiphyse und verlängert somit den Knochen (Nickel et al. 1968). Die entstandenen Knorpelzellen verknöchern im Laufe der Zeit und bilden eine feste Knochenstruktur.

Die Epiphysenfugen des Skelettes schließen sich in unterschiedlichen Entwicklungsstadien. Bis zum sechsten Lebensmonat sind die Epiphysenfugen der Fohlen in den Zehenendorganen noch nicht verknöchert und es kann eine Stellungskorrektur vorgenommen werden (Entwistle und Krüdewagen 2006). Um ein korrektes Schließen der Wachstumsfugen zu gewährleisten, muss ein Gleichgewicht zwischen Zug und Druck der restlichen Strukturen in den Gliedmaßen gegeben sein.

Durch akute Traumata oder anhaltenden, hohen Druck kann es zu einer Verlangsamung oder gar zum Stagnieren der Schließung führen. Tritt einer dieser beiden Fälle auf, reagieren die Strukturen mit verändertem Wachstum und es kann zu krankhaften Fehlstellungen kommen. Hat sich eine Fehlstellung entwickelt, wird diese immer weiter fortschreiten, solange die Ursache nicht behoben wird (Litzke et al. 2012). Die Korrektur von Fehlstellungen sollte demnach möglichst vor dem Schluss der Epiphysenfugen durchgeführt werden, das dient dazu, den Vorgang so schonend wie möglich und mit geringem Risikofaktor für weitere Erkrankungen durchzuführen (Litzke et al. 2012).

Knochenanordnung

Zur Beschreibung der Lage der Knochen wird die Gliedmaße eines Pferdes in verschiedene Abschnitte unterteilt. Der erste Abschnitt ist das Karpal- bzw. das Tarsalskelett, welches in dieser Ausarbeitung nicht relevant ist (Nickel et al. 1968). Es folgt das Metakarpal- und das Metatarsalskelett (siehe Abb. 1). Beide Skelette bestehen aus drei Knochen, welche den zweiten, dritten und vierten Fingergliedern entsprechen. Das dritte Glied ist als einziges vollständig ausgebildet und trägt das gesamte Körpergewicht, es wird Hauptmittelfußknochen oder auch Röhrbein genannt. Das Röhrbein der Hintergliedmaße ist um ein Fünftel länger als das der Vordergliedmaße. Auffällig ist, dass die Gelenkfläche des hinteren Röhrbeins verdickt ist, da der Druck vom proximal liegenden Tarsalgelenk aus einem schrägeren Winkel auf den Kochen trifft (Nickel et al. 1968).

Glied 2 und 4 haben sich zu den Nebenmittelfußkochen, beziehungsweise den Griffelbeinen entwickelt, welche ebenfalls einen kleinen Teil des Gewichtes tragen. Die Griffelbeine liegen lateral und medial an dem Röhrbein an und verschmelzen am proximalen Ende des Röhrbeines mit verdickten Griffelbeinköpfchen mit dem Knochen. Die Griffelbeine enden auf unterschiedlichen Höhen im unteren Drittel des Röhrbeines in verdickten Griffelbeinknöpfchen (Litzke et al. 2012). Wie auch das Röhrbein der Hintergliedmaße sind die Griffelbeine ebenfalls länger und verschmelzen später mit dem Röhrbein (Nickel et al. 1968).

Der letzte Abschnitt der Gliedmaße des Pferdes ist das Zehenskelett. Dieses besteht aus dem Fesselbein, dem Kronbein, dem Hufbein und den drei Sesambeinen. Die Sesambeine bestehen aus dem Strahlbein und den beiden Gleichbeinen. Das Fesselbein ist ein komprimierter Röhrenknochen, welcher angeraute Flächen, Bandgruben und Bandhöcker als Ansatz für Sehen und Bänder aufweist. Gelenkwalze und Gelenkpfanne sind sattelförmig. Am proximalen Ende, wo Fesselbein auf Röhrbein trifft, befindet sich ein Scharniergelenk.

Die Gleichbeine erweitern die Gelenkpfanne und bilden so zusammen mit dem distalen Ende des Röhrbeins und dem proximalen Ende des Fesselbeins das Fesselgelenk (Kothes 2015).

Die Form ähnelt einer dreiseitigen Pyramide und ermöglicht das Erweitern der Gelenkpfanne, das Ansetzen des Musculus interosseus medius und das Übergleiten der Beugesehnen (Nickel et al. 1968).

Das Kronbein ist etwa halb so lang wie das Fesselbein und ist zur Hälfte von der Hufkapsel umfasst. Das Hufbein hingegen liegt vollständig in der Hornkapsel des Hufes, dementsprechend hat das Hufbein die Form eines Hufs und kann in drei Flächen unterteilt werden (Litzke et al. 2012). Diese sind die Gelenkfläche, die den Knochen mit dem Kronbein verbindet, die Wandfläche, die proximal im Kronrad endet und die Sohlenfläche, die proximal gewölbt ist.

Die Hinterzehenknochen unterscheiden sich nur geringfügig von denen der Vorderzehe. Die Wandfläche des Hufbeins steht steiler und die Sohlenfläche ist vermehrt ausgehöhlt. Das Hufbein entspricht der Form eines Ovals und unterscheidet sich dadurch von der runden Form des vorderen Hufbeins (Nickel et al. 1968).

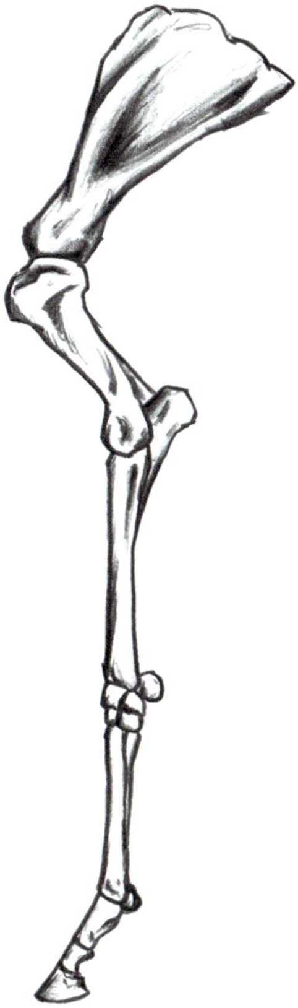

Abbildung: Knochen der Vordergliedmaße von unten (distal) nach oben (proximal): Hufbein (nicht dargestellt ist das Strahlbein), Kronbein, Fesselbein mit Gleichbeinen, Vorderröhre (MC 3), Vorderfußwurzelgelenk, Unterarm (Speiche mit reduzierter Elle) Oberarm, Schulterblatt.

Sehnen und Muskeln

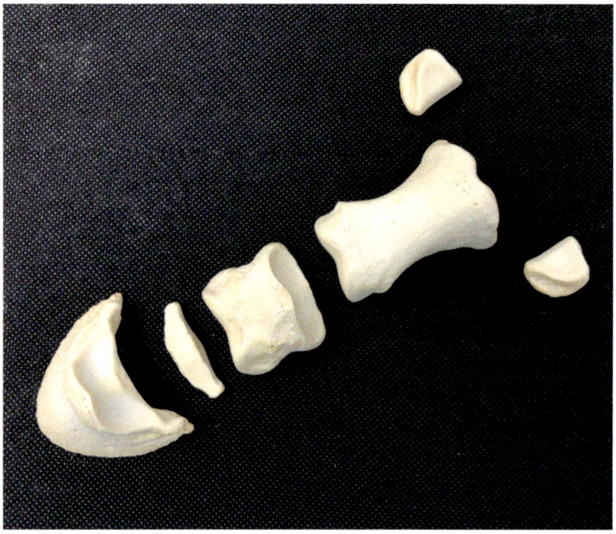

Abbildung: Die unteren Zehenknochen von links unten nach rechts oben: Hufbein, Strahlbein, Kronbein, und das Fesselbein mit den beiden Gleichbeinen.

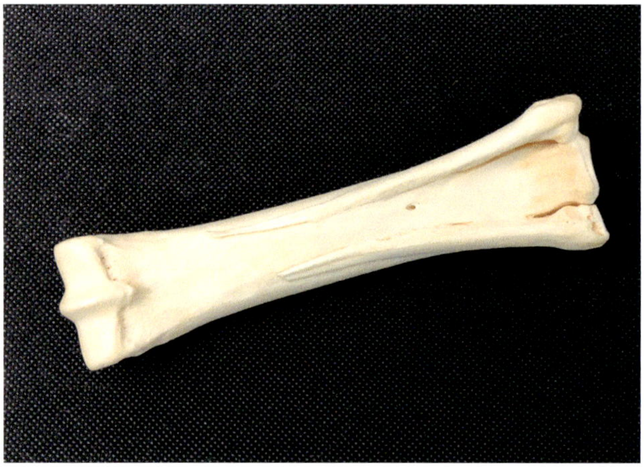

Abbildung: Die Vorderröhre (MC 3) mit den beiden seitlichen Griffelbeinen.

Wie bereits erläutert, entwickelte sich das Zehenendorgan der Equiden zu einem Huf, dieser ermöglicht das Laufen, aber nicht das Greifen. Die Zusammenfügung der Fingerglieder schränkt die individuelle Bewegungsfreiheit ein und führt zu einer Gesamtbewegung der Zehe.

Durch die zusätzliche Umschließung der Hufkapsel sind zur Bewegung lediglich die Zehenbeuger und die Zehenstrecker von Bedeutung (siehe Abb. 2). Die Muskelbäuche beschränken sich auf die Höhe des Unterarmes beziehungsweise des Unterschenkels (Nickel et al. 1968).

Die Kraft, die durch die Muskeln aufgebracht wird, wird durch ihre sehnigen Enden auf den Knochen und die Gelenke übertragen.

Sehnen gehören zu Binde- und Stützgeweben und lassen eine Dehnung nur eingeschränkt zu (Liebich 2004). Erfolgt eine gleichmäßige Fortbewegung, sind die Sehnen in der Lage die aufgewandte Energie zu speichern und wieder abzugeben.

So wird der Energieaufwand und -verlust und gleichzeitig die Muskelarbeit reduziert. Die Kontraktion der Sehnen geht schneller vonstatten als die der Muskeln und kann stärkere Kräfte aufbringen, was zum schnellen und kraftvollen Fortbewegen beim Laufen und Springen dient. Die höchste Energiespeicherung der Gliedmaße findet in den tiefen Beugesehnen statt (Ziermann 2006).

Um ein Verständnis für die Sehnen und Bänder im Bein des Pferdes zu erlangen, werden hier grobe Strukturen dargestellt (siehe Abb. 2). Die Strukturen des Hinterfußes sind denen des Vorderfußes ähnlich und werden hier nicht weiter behandelt. Die Muskeln der unteren Vordergliedmaße sind auf der folgenden Abbildung ersichtlich.

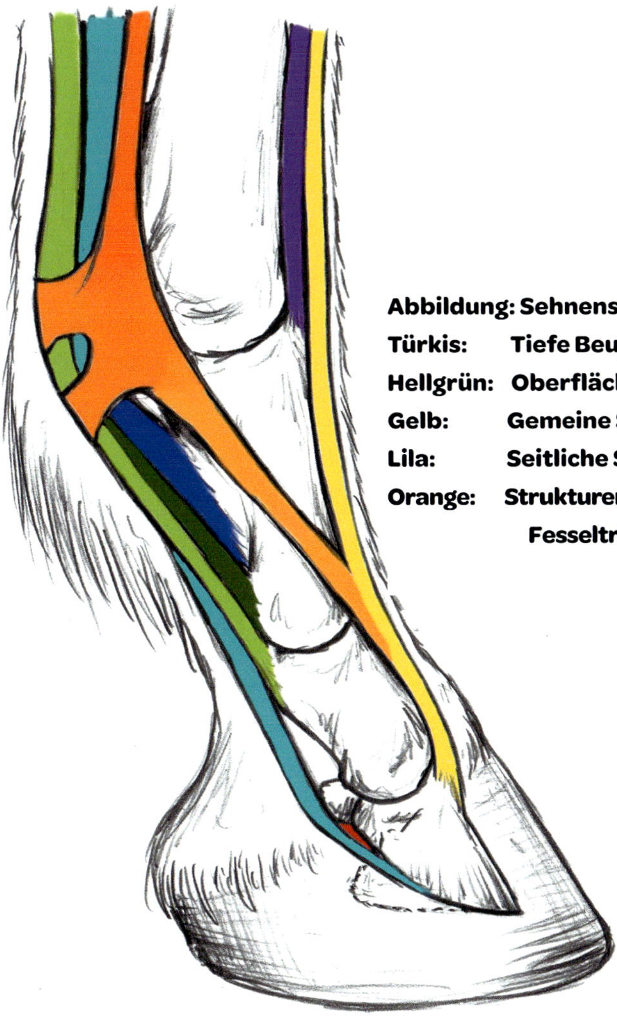

Abbildung: Sehnenstruktur der unteren Gliedmaße:
Türkis: **Tiefe Beugesehne**
Hellgrün: **Oberflächliche Beugesehne**
Gelb: **Gemeine Strecksehne**
Lila: **Seitliche Strecksehne**
Orange: **Strukturen im Bereich des Fesselträgers / Fesseltrageapparats**

Der Huf

Kein Huf gleicht dem anderen. Die Hufform eines jeden Pferdes verändert sich unter anderem durch hohe oder geringe Belastung, durch eine genetische Disposition oder durch die Stellung der Gliedmaße.

Es kann festgestellt werden, dass die Hufform der Vorderhufe eher rundlich ist und die der Hinterhufe tendenziell oval erscheint.

Die jeweiligen Hufwinkel ergeben sich individuell aus der Anatomie, der Bewegung, Nutzung und Haltung des Pferdes. Die Hufe der Pferde haben im Verhältnis zu der gesamten Körpermasse des Pferdes eine sehr geringe Auflagefläche. Die Vorderhufe tragen 60 % des Gesamtkörpergewichtes und die Hinterhufe die restlichen 40 % (Ramey und Bowker 2011).

Damit das Körpergewicht getragen werden kann, entwickelte sich der Huf zu einem komplexen Trägerorgan. Der Begriff Huf beschreibt die Hufkapsel und alles, was von dieser umschlossen ist (siehe Abb. 3) (Lancaster und Bowker 2012).

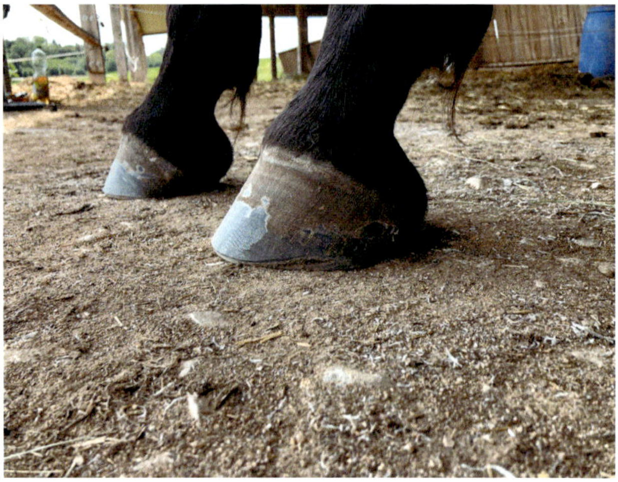

Abbildung: Beim Pferd als Zehenspitzengänger verhornt die Epidermis im Bereich der unteren Gliedmaße und bildet den Huf mit seinen verschiedenen Funktionen.

Das größte sichtbare Element des Hufes ist die Hornwand, welche als totes Hornelement zählt. Der Ballen vollendet die Hornwand im palmaren und plantaren Bereich des Hufes und zählt zu den lebenden Elementen (Körber 2006). Hebt man den Pferdehuf auf, so wird die Sohle mit dem Strahl und das Ballenelement sichtbar.

Wird dieser Teil detaillierter betrachtet, kann man den Tragrand und die weiße Linie ausmachen. Diese weiße Linie wird auch Zona Alba genannt.

Der Tragrand geht im hinteren Bereich der Sohle zur Trachte mit Eckstreben über. Die Eckstreben reichen in den Huf hinein (Klunder 2000).

Eine große Bedeutung kommt dem mittig gelegenen Strahl zu, dieser besteht aus den Strahlschenkeln, der Strahlspitze und dem Strahlkörper, welcher von der mittleren Strahlfurche durchzogen ist. Der Strahl wird durch die seitlichen Strahlfurchen eingerahmt, da der Strahl mit dem innenliegenden Hufkissen verbunden ist, trägt dieser maßgeblich zur stoßdämpfenden Wirkung des Hufes bei (König, B. et al. 2003).

Die Sohle an sich spielt beim Tragen des Gewichtes eine untergeordnete Rolle und schützt vor allem vor thermischen, mikrobiellen und mechanischen Reizen (Litzke et al. 2012).

Innerer Aufbau des Hufs

Die Hufkapsel lässt sich in verschiedene Schichten unterteilen. Die für den Menschen noch sichtbare äußere Schicht des Hufes wird als Glasurschicht bezeichnet, sie schützt den Huf weitgehend vor Umwelteinflüssen. Weiter innen befindet sich der mittlere Hufbereich oder die Schutzschicht, die Pigmente ausweisen kann.

Hier werden aus dem Bereich des Kronsaums Harthornröhrchen nach unten geschoben, gleichzeitig verbindet das Zwischenröhrchenhorn diese Struktur zu einer stabilen Einheit. Eine sich nach innen anschließende Verbindungsschicht weist feine Vertiefungen auf, hier verzahnt sich das Blättchenhorn der Epidermis mit den Zotten der Lederhaut sodass eine elastische und belastbare Verbindung zwischen Hornschuh und Lederhaut entsteht.

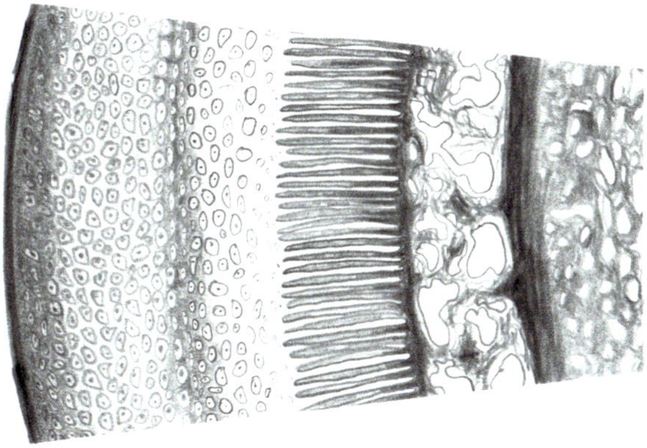

Abbildung: Schnitt durch den Huf.
Von außen nach innen (links nach rechts):
Hornwand mit angeschnittenen Harthornröhrchen, lamellenartige Verbindungsschicht, Lederhaut mit Versorgungsgefäßen, Hufbein

Der Hornschuh wächst hauptsächlich von der Kronenepidermis in Richtung des Bodens, sodass die Trachten aus neuerem Horn bestehen. Diese lässt wiederum eine höhere Verformbarkeit und Elastizität bei der Fußung zu. Der Hufschuh wächst ungefähr 6 mm pro Monat (Stashak und Adams 2010). Andere Autoren geben auch ein stärkeres Wachstum von bis zu 1 cm pro Monat an.

Die Oberhaut des Sohlensegmentes bildet das harte Röhrchenhorn der Sohle. Es besteht aus einer starken Hornschicht und einer darauf liegenden Schicht von sich schnell abnutzendem Zerfallshorn (Litzke et al. 2012). Die Sohle trägt weitestgehend keine Last und sie ist einer Kraft ausgesetzt, die lediglich vom Inneren des Hufes ausgeht. Diese wird von der Sohle des Hufbeines über die Lederhaut übertragen.

Unterhalb des Strahles und des Ballens liegt das Hufkissen, welches aus Ballen- und Strahlpolster besteht (Litzke et al. 2012). Das Hufkissen und das Kron- und Saumpolster haben eine abfangende Wirkung bei Erschütterungen durch das Auffußen, zudem dienen sie der Druckverteilung im Huf.

Auch der Hufrollenschleimbeutel dient als Polster, jedoch nicht für eine Druckreduktion, sondern für die über das Strahlbein gleitende Sehne. Die medialen und lateralen Hufknorpel verlaufen über den Kronrand des Hufes und sind jeweils durch die Astwinkel des Hufbeines begrenzt, sie sind unter der Huflederhaut lokalisiert (Stashak und Adams 2010). Das proximale Ende des Hufknorpels geht über den Rand des Hornschuhes hinaus und das distale Ende liegt auf dem Hufbein auf (Schoenberg et al. 2007).

Das Hebel- und Stützflächenverhältnis des Hufes

Unter Biomechanik wird das auf eine gesunde Balance ausgerichtete Zusammenwirken von Gelenken, Muskulatur, Sehnen, Bändern, Energiespeicherung und Stoßdämpfung und Huf verstanden.

Auffällig am Pferdekörper ist, dass ein recht großes Körpergewicht stabilisiert und balanciert werden muss. Gleichzeitig muss das Gewicht dabei stoßdämpfend und energiesparend bewegt werden.

Der Huf lässt sich hierbei in seitlicher Betrachtung in eine Hebelfläche gliedern, dies ist der vordere Hufbereich, über den die Fortbewegung geführt werden muss, sowie in eine Stützfläche unterteilen, dies ist der hintere Hufbereich, der das Gewicht im Wesentlichen trägt.

In der Hufbearbeitung werden verschiedene Marker im Hufbereich genutzt, um das optimale Hebel- und Stützflächenverhältnis zu bestimmen. Hierzu zählen der Fesselstand, der Hufmittelpunkt oder der Drehpunkt im Hufgelenk.

Diese Marker teilen die Bodenkontaktfläche des Hufes in eine Hebelfläche und eine Stützfläche. Je nachdem, wie das Verhältnis zwischen Hebel- und Stützfläche ausfällt, definieren sie einen Korrekturbedarf für eine Hufbearbeitung.

Bei Gliedmaßen mit einer Beugefehlstellungen ist es dem Pferd aus verschiedenen Ursachen heraus nicht möglich, am Huf ein optimales Verhältnis von Hebel- und Stützfläche auszubilden.

Die Marker im Einzelnen

- Nach der Fesselstandstheorie beträgt das Hebel-/Stützverhältnis1/3 zu 2/3
- Nach dem Hufmittelpunkt beträgt das Hebel-/Stützverhältnis 50 (½) zu 50 (½)
- Nach dem Drehpunkt im Hufgelenk finden 65 % der Gewichtsaufnahme vor dem Lot des ehpunktes statt und 35 % hinter diesem Lot.

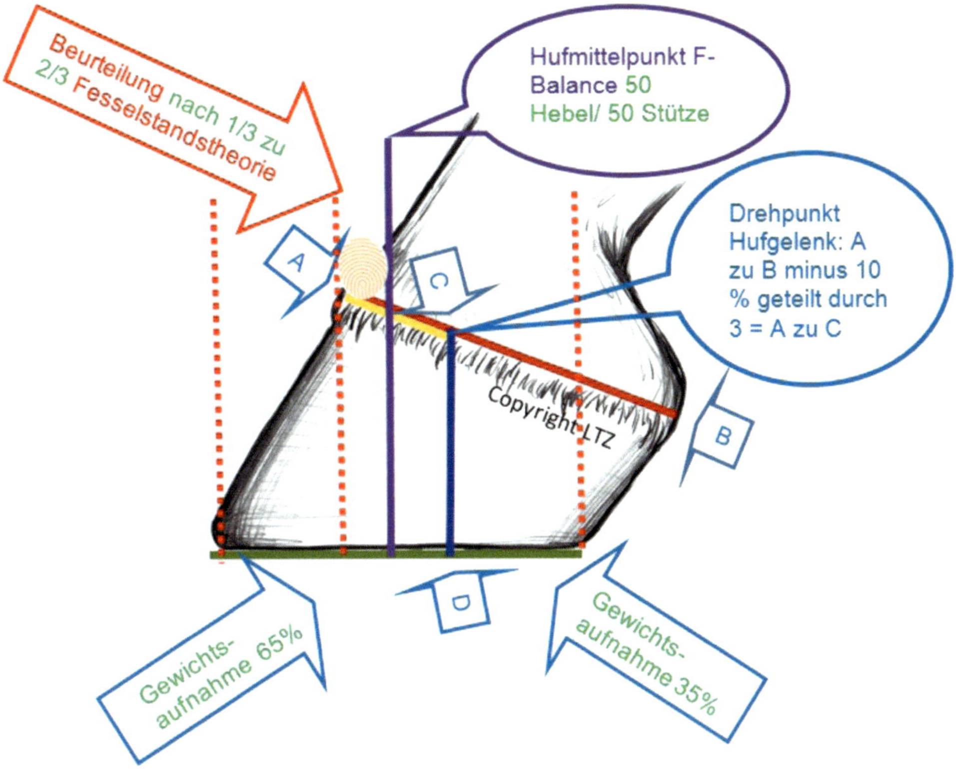

Abbildung: Marker zur Bestimmung des idealen Hebel- und Stützflächenverhältnisses in der Hufbearbeitung.

Gliedmaßenstellungen

Damit Pferden eine normale Arbeitsleistung abverlangt werden kann, bedarf es einer gesunden physiologischen Konstitution. Hierzu zählt der Huf, da dieser ein Spiegel der Gliedmaßenstellungen und somit des Gangbildes ist. Um also einen korrekt geformten Huf zu haben, muss vorerst die Stellung der Gliedmaße betrachtet werden. In dieser Arbeit wird vor allem die Stellung der Gliedmaße unterhalb des Karpalgelenkes betrachtet.

Die Beurteilung der Stellung unterhalb des Karpalgelenks basiert auf Achsen, welche unterschiedlich definiert werden (Litzke et. a. 2012). Litzke (2012) definiert die Zehenachse als „[...] eine durch die Mitte des Fessel-, Kron- und Hufbeins gedachte Linie [...]", wobei hingegen Körber (2006) und Stashak (2010) diese Achse noch einmal unterteilen.

Sie definieren zum einen eine Hufachse, welche das Kron- und Fesselbein des Pferdes in zwei gleichgroße Teile teilt, das erfolgt unter der frontalen und seitlichen Betrachtung des Beines. Zum anderen definieren sie die Zehenachse, welche dessen distale Fortsetzung ist. Im optimalen Fall bilden beide denselben Winkel zur Sohle (Körber 2006).

Das Verhältnis von Zehenachse zu Hufachse wird Fesselstand genannt (siehe Abb. 4). Ein regelmäßiger Fesselstand ist dann gegeben, wenn die Zehen- und Hufachse bei einer Betrachtung von vorne, hinten und der Seite eine Linie bilden und einen optimalen Hufwand-Bodenwinkel aufweisen. Seitlich betrachtet muss die dorsale Hufwand mit dem Winkel der Fesselachse übereinstimmen (Stashak und Adams 2010). Abweichungen dieser Achsen (siehe Abb. 4) können angeboren oder erworben sein.

Bei neugeborenen Fohlen sind Abweichungen häufig im Fesselgelenk zu finden. Ist die Abweichung erworbenen, tritt sie eher im Hufgelenk auf. Es kommen sowohl einfache als auch mehrfache Brechungen der Achse vor, welche in jede Richtung möglich sind. Des Weiteren kann es zu Rotationsbrechungen, also rotierten Knochen und auch kombinierten Brechungen kommen.

Ist eine Brechung dieser Achsen vorhanden, wird die Unregelmäßigkeit durch ebenso unregelmäßig wachsende Hufformen kompensiert, um eine plane Fußung zu ermöglichen (Körber 2006). Ist dies der Fall, sollte der Huf entsprechend bearbeitet werden. Ist der Huf oder die Zehe zu steil oder zu flach gewinkelt, die Achsen jedoch nicht gebrochen, sollte auf eine Behandlung verzichtet werden (Stashak und Adams 2010).

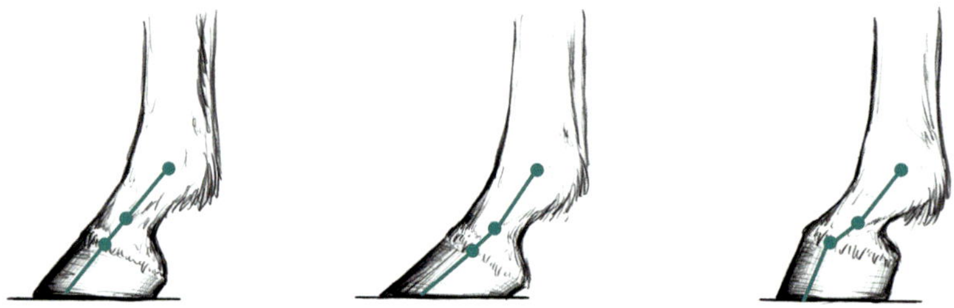

Abbildung: Korrekter Fesselstand und Abweichungen durch zu flache und zu steile Hufwinkelung. Die grünen Punkte stellen die Drehpunkte der jeweiligen Gelenkstruktur da.

Der Bockhuf

Um die Bedeutung des Bockhufes zu veranschaulichen, bietet sich ein einfacher Vergleich an: Jeder gesunde Mensch läuft seit den ersten Schritten seines Lebens auf dem ganzen Fuß, rollt über die Länge ab und beansprucht Knochen, Muskeln und Sehnen so, dass ein schmerzfreies und gesundes Gehen ermöglicht wird.

Wird dieser Gang durch ein Paar Schuhe, wie z.B. High Heels verändert, kommt es nach längerer Zeit häufig zu Schmerzen im ganzen Körper. Auch jedes gesunde Pferd hat in dem ersten Lebensabschnitt gelernt zu laufen. Entsteht eine Fehlstellung der Gelenke, eine sogenannte Beugefehlstellung, kommt es ebenfalls zu einer veränderten Belastung von Strukturen und folglich zu Schmerzen (Ramey und Bowker 2011).

Der Begriff Beugefehlstellung bezeichnet zuerst einmal jegliche Abweichung der Gliedmaßenstellung oder des Fesselstandes von der Norm und somit eine Brechung der bereits erläuterten Achsen. Betroffen sind die Zehengelenke und das Karpalgelenk.

Unterscheiden lassen sich die Beugefehlstellungen in die Durchtrittigkeit und die eigentlichen Beugefehlstellungen (Carstanjen und Kraft 2010). Lukas (2012) definiert die Beugefehlstellung als mehr oder weniger stark ausgeprägtes Unvermögen des Pferdes, die Gliedmaße normal zu strecken.

Bei der Beugefehlstellung wird weiterhin unterschieden zwischen der angeborenen und der erworbenen Beugefehlstellung (Adams und Santschi 2000). In dieser Arbeit wird der Fokus auf den Bockhuf als erworbene Beugefehlstellung gelegt, welche durchaus verbreitet ist (Robert J. Hunt 2012).

Eine Hufform wird als Bockhuf bezeichnet, wenn die dorsale Hufwand und die Sohle einen Winkel von mehr als 60 Grad bilden (Körber 2006). Körber (2006) unterteilt die Ausprägung eines Bockhufes beim Pferd in unterschiedliche Schweregrade: Liegt der Winkel bei 60 bis 70 Grad, klassifiziert er diesen als geringgradigen Bockhuf, die Trachten berühren den Boden. Wird der Winkel größer und liegt zwischen 70 und 90 Grad, wird der Bockhuf als mittelgradig bezeichnet und die Trachten liegen nicht mehr auf dem Boden auf.

Jede Überschreitung von 90 Grad ist ein hochgradige Bockhuf (Körber 2006). Weitere charakteristische Merkmale sind eine rechteckige Form des Hufes aufgrund von gefördertem Trachtenwachstum und eingeschränktem Zehenwachstum, vermehrte Lastaufnahme der dorsalen Hufwand und eine auffällige Füllung des Kronsaumes (O'Grady 2012). Letzteres wird verursacht durch die Steilstellung der Zehenknochen, sobald das Fesselgelenk nicht mehr gestreckt werden kann. Die Knochen verdrängen die Kronlederhaut in die Kronrinne des Hornschuhs (Körber 2006). Die Fehlstellung hat Einfluss auf den Fesselstand, da die Beugung im Hufgelenk stattfindet, ist die Fesselachse im Hufgelenk nach dorsal gebrochen (Stashak und Adams 2010).

Das Alter der Pferde, in dem der erworbene Bockhuf auftritt, kann nicht klar definiert werden. Meist tritt dieser in den ersten Lebensmonaten auf. O´Grady (2012) grenzt den Zeitraum auf zwei bis sechs Monate ein, wobei Carstanjen und Kraft (2010) eine größere Spanne von sechs Wochen bis sechs Monaten beschreiben. Adam und Santshi (2000) benennen ihn ähnlich mit einem Zeitraum von sechs Wochen bis acht Monaten und ergänzen, dass ein Bockhuf mit schwebenden Trachten innerhalb von drei bis fünf Tagen entwickelt werden kann. Wächst die Trachte so lang wie die Zehe, geschieht das meist innerhalb von zwei bis drei Monaten (Adams und Santschi 2000).

Auch gibt es keine einheitliche Auffassung, welches der Auslöser für das Auftreten eines Bockhufes ist. Für Stashak (2010) gibt es nur wenige Auslöser, die den Bockhuf bedingen. Zugrunde liegen eine Veränderung des Beugeapparates und eine Verkürzung der tiefen Beugesehne. Stashak (2010) schließt die Beteiligung der oberflächlichen Beugesehne und des Musculus interosseus medius nicht aus.

Tritt der Bockhuf lediglich an einem Huf auf, ist die Ursache meist eine Verletzung. Aufgrund von Schmerzen hat das verletzte Tier diese Gliedmaße längere Zeit nicht belastet und die tiefe Beugesehne hat sich verkürzt. Ist die Fehlstellung beidseitig, wurde diese meist erblich oder durch einen Nährstoffmangel verursacht (Stashak und Adams 2010). Körber (2006) sieht mehrere Aspekte in der Schuld: Verletzung, Erblichkeit und Nährstoffmängel, jedoch gibt es seiner Auffassung nach noch andere Auslöser. Ein Nährstoffmangel kann genauso wie eine Überfütterung einen Bockhuf bedingen. Wird dem Fohlen zu viel Energie und Eiweiß bei einer Überfütterung zugeführt, kommt es zu einem schnellen Wachstum des Röhrbeins.

Die Beugesehnen hingegen wachsen nicht so schnell und führen durch vermehrten Zug auf das Hufbein zu der Bockhufbildung. Gliedmaßenstellungen wie Vor- oder Rückbiegigkeit oder eine lange und weiche Fesselung können zur Beugung des Hufgelenkes und somit zum Bockhuf führen.

Die Haltung der Fohlen spielt eine Rolle bei der Entwicklung des Bockhufes. Ist das Tier in weicher Einstreu eingestallt, sinkt die Zehe dauerhaft in den Untergrund ein und das Wachstum der Trachten wird gefördert. Aber auch ein zu harter Untergrund bringt Nachteile. Ist der Weideboden zu hart, kann die Zehe abgerieben werden und die Trachten wachsen weiter. Einen ähnlichen Effekt hat eine falsche Hufbearbeitung. Wird die Zehe zu viel und die Trachten zu wenig gekürzt, ist das Durchtreten im Fesselgelenk nicht mehr möglich und bietet so die Grundlage für die Bildung eines Bockhufes (Körber 2006). Laut Carstanjen und Kraft (2010) sind die Ursachen vielfältig.

Fütterung, Genetik Gesundheitszustand, Bewegung und Haltung spielen die Hauptrollen. Das Augenmerk liegt hier auf den unterschiedlichen Wachstumsgeschwindigkeiten des Röhrbeins und der tiefen Beugesehne. Kommt noch eine Entzündung der Wachstumsfugen oder des Unterstützungsbandes der tiefen Beugesehne hinzu, wird diese Gliedmaße entlastet und die Entstehung des Bockhufes wird beschleunigt, letzteres kann auch der alleiniger Auslöser der Entstehung sein (Carstanjen und Kraft 2010). O´Grady (2012) trägt einen neuen Aspekt vor: Langbeinige und kurzhalsige Fohlen stellen beim Grasen oft einen Fuß voran, um das Gras erreichen zu können. Diese Fohlen wechseln den vorangestellten Fuß nicht so häufig, wie es nötig wäre. Das führt dazu, dass bei dem rückgestellten Fuß die Zehe vermehrt belastet wird und die Trachte womöglich vom Boden abhebt und nicht abgenutzt wird, es entsteht ein Bockhuf (O'Grady 2012).

Die Prognose für ein Pferd mit einem erworbenen Bockhuf ist gut, wenn der Auslöser erkannt wird und die Therapie so früh wie möglich begonnen wird (O'Grady 2012).

Therapie des Bockhufes

Einfache Therapieformen

Die Therapieform muss auf jedes Tier individuell angepasst werden. Bei der Wahl müssen verschiedene Aspekte berücksichtigt werden. Das Alter und auch der Schweregrad des Bockhufes sind entscheidend: Unterschieden wird die konservative Behandlung und die chirurgische Behandlung.

Die konservative Behandlung beinhaltet die Bearbeitung durch einen Schmied sowie nichtoperative Eingriffe. Die chirurgische Behandlung schließt operative Eingriffe ein. Die konservative Behandlung hat die höchsten Erfolgschancen in der Therapie des Bockhufs, wenn diese in den ersten sechs Monaten erfolgt und die chirurgische, sofern die Operation innerhalb der ersten zwölf Lebensmonate durchgeführt wird (Carlier et al. 2016). Zur Korrektur der Fehlstellung ist das Abstellen der Ursache essenziell.

Eine ausgewogene Ernährung des Fohlens kann das Fortschreiten der Bockhufbildung verhindern. Entstand der Bockhuf aufgrund von Schmerzen, ist es nötig, den Schmerz abzustellen oder ausheilen zu lassen, indem ein Schmerzmittel gegeben wird oder das Fohlen in einen kleineren Laufstall aufgestallt wird, um die Bewegungsfreiheit einzuschränken (Adams und Santschi 2000).

Um die tiefe Beugesehne zu dehnen, werden Fohlen mehrmals täglich auf festem Boden bewegt. Dies sollte unterstützend zu jeder konservativen Behandlung geschehen (Litzke et al. 2012). Sofern der Bockhuf in einer leichten- bis mittelschweren Form auftritt, kann eine Behandlung durch den Hufschmied erfolgen. Dieser raspelt die Trachten Stück für Stück ab.

Das Intervall für diese Bearbeitung sollte kurzgehalten werden (O'Grady 2012): wöchentlich (Kothes 2015) oder alle zwei Wochen wird empfohlen (O'Grady 2012).

Genagelter und geklebter Beschlag

Bringt die Barhufbearbeitung durch den Hufschmied keinen Erfolg, kann als nächste Maßnahme der Huf auf unterschiedliche Weise durch einen Beschlag unterstützt werden.

Es können sowohl Hufeisen als auch Klebebeschläge verwendet werden. Die Verlängerung der Zehe ist eine weitere Option (Litzke et al. 2012). Als Beschlag eignet sich das Halbmondeisen, das die abgenutzte Zehe bedeckt und die Auflagefläche erweitert. Die Schenkel gehen bis zur Mitte des Hufes und werden proximal flacher, die Trachten werden näher Richtung Boden gesetzt und können abgelaufen werden. Vier Nägel befestigen das Eisen (Körber 2006). Eine Erneuerung alle vier Wochen wird empfohlen (Litzke et al. 2012).

Die Hufwand des jungen Pferdes ist noch sehr dünn, weshalb es zur Vernagelung durch den Hufschmied kommen kann. Möglich ist auch, dass die Nägel der Hornwand schaden und ein Alternativbeschlag verwendet werden muss, hierfür eignet sich der Klebehufschuh.

Diesen gibt es in unterschiedlichen Varianten. Der Dallmer Hufschuh ist ein Kunststoffschuh, der am Tragrand angeklebt wird. Die Schenkel werden ebenso wie die des Halbmondeisens proximal dünner und am Zehenteil befindet sich ein verlängertes und/oder ein verdicktes Element.

Die Auflagefläche der Zehe wird verlängert und die Trachte näher Richtung Boden gebracht. Ein Vorteil des Hufschuhes ist dessen Rutschfestigkeit und Widerstandsfähigkeit, welche dem natürlichen Horn gleichen.

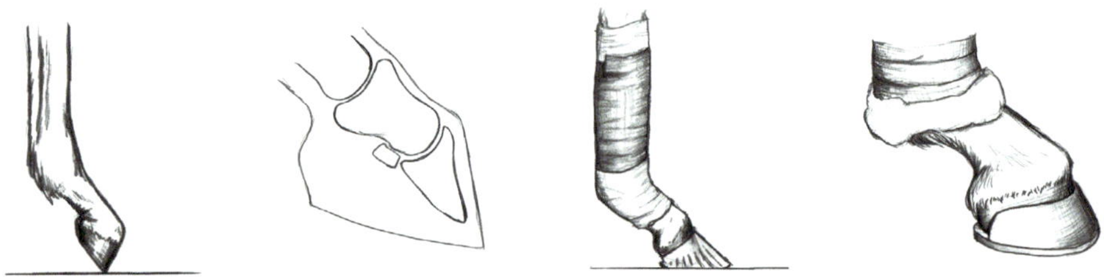

Abbildungen: Korrekturmöglichkeiten über Klebeschuhe bei verschiedenen Fehlstellungen – hier Sehnenstelzfuß, Anwendung von Klebebeschlägen mit Hebelflächenverlängerung auch beim klassischen Bockhuf.

Ein Nachteil ist die geringe Nachgiebigkeit des Hufschuhes beim Wachsen des Hufes, wodurch es zu Einschnürungen kommen kann. Deshalb wird empfohlenen diesen spätestens im vierwöchentlichen Rhythmus zu wechseln (Hertsch et al. 1997). Eine erfolgreiche Korrektur des Bockhufes wird nach zehn bis zwölf Wochen erwartet (Körber 2006).

Es ist möglich, die Trachten über den Beschlag zu erhöhen, die Trachten werden hierbei so weit gekürzt, dass eine gewünschte Hufform entsteht. Über den Hufschuh oder das Eisen wird eine Erhöhung an den proximalen Schenkel angebracht, um eine Belastung der Trachten zu generieren, so wird die tiefe Beugesehne entlastet und die gesamte Hufunterseite kann belastet werden.

Der Vorgang wird mehrere Male wiederholt mit flacher werdenden Erhöhungen der Schenkel (Adams und Santschi 2000), mehr als zehn bis vierzehn Tage sollten nicht zwischen den Behandlungen liegen (Entwistle und Krüdewagen 2006). O´Grady (2012) erachtet diese Möglichkeit als kritisch. In den Punkten der Entlastung der tiefen Beugesehne und der vollständigen Belastung stimmt er zu, jedoch macht er deutlich, dass er keinen Fall kennt, bei dem die Erhöhung erfolgreich entfernt werden konnte und die Trachten wieder auf dem Boden auflagen (O'Grady 2012).

Eine weitere Alternative für den genagelten Beschlag ist das Anbringen von Kunstharz als Zehenmodellation. Das Harz kann als Verlängerung der abgenutzten Zehe dienen und im gewünschten Winkel angebracht werden (Adams und Santschi 2000). Das Kunstharz wird in kleinen Arbeitsschritten immer weiter entfernt, bis die gewünschte Stellung und Hufform erreicht ist (Entwistle und Krüdewagen 2006).

Medikamentöse Behandlung

Eine mögliche Behandlungsweise durch den Tierarzt ist die Verabreichung des Antibiotikums Oxytetracyclin. Die Wirkungsweise des Oxytetracyclins ist nicht genau bekannt, aber es wird vermutet, dass die Muskeln das Zielorgan sind, da die Verbesserung des Zustandes schnell eintritt (Stashak und Adams 2010).

Die Muskeln werden entspannt und gleichzeitig verlängert, sodass die Herstellung der normalen Fesselachse ermöglicht wird (Adams und Santschi 2000). Oxytetracyclin gehört zur Gruppe der Tetracyclin Antibiotika. Diese gelten als bakteriostatische Breitspektrumantibiotika und werden vor allem bei Infektionskrankheiten eingesetzt (Kothes 2015).

Wird eine Infektionskrankheit behandelt, beträgt die Dosis 3 bis 5 mg/kg Körpergewicht, maximal alle zwölf Stunden. Die Gabe von Oxytetracyclin beim Bockhuf ist unabhängig vom Körpergewicht und wird mit 3 g bei ein- bis zweimaliger Gabe angegeben. Das Antibiotikum wird unverdünnt oder mit Kochsalzlösung verdünnt intravenös verabreicht.

Eine vollständige Heilung kann nach ein bis zwei Tagen auftreten (Gößling 2001). In manchen Fällen kann es zu einer übermäßigen Streckung der Achsen kommen und es folgt eine Durchtrittigkeit, also eine Brechung der Achsen nach proximal. Dies sollte sich nach drei Tagen normalisieren. Es kann zu weiteren Nebenwirkungen kommen, bekannt sind unter anderem Kreislaufstörungen und Störungen der Magen-Darm-Flora (Gößling 2001).

Chirurgische Eingriffe

Ist nach vier bis sechs Wochen keine positive Veränderung mittels der soeben dargestellten Maßnahmen erkennbar, ist es notwendig, einen chirurgischen Eingriff durchzuführen (Litzke et al. 2012). Dies gilt auch, wenn irreversible Schäden durch Stellungsfehler verhindert werden müssen (Stashak und Adams 2010).

Ein chirurgischer Eingriff sollte immer von einer orthopädischen Behandlung begleitet werden, um die postoperativen Schmerzen zu minimieren. Empfohlen wird eine Umformung des Hufes in die Position, die nach der Operation gewünscht wird, dies erfolgt durch eine Kürzung der Trachten oder Verlängerung der Zehe. Die verkürzten Strukturen können so an die gewünschte Situation angepasst werden (Entwistle und Krüdewagen 2006), es kann auch ein Keil an die Zehe des Pferdes angebracht werden, welcher sich distal verjüngt (O'Grady 2012).

Dazu muss entschieden werden, ob es ausreicht das Unterstützungsband der tiefen Beugesehne zu durchtrennen (Desmotomie), oder ob die Fehlstellung nur durch eine Durchtrennung der tiefen Beugesehne (Tenotomie) korrigiert werden kann. Kann die Situation nicht genau eingeschätzt werden, kann das Unterstützungsband zuerst durchtrennt werden und falls keine Besserung eintritt, wird anschließend die tiefe Beugesehne durchtrennt (Adams und Santschi 2000).

Hat der Bockhuf einen Winkel von unter 90 Grad oder etwas mehr, sollte lediglich die Desmotomie des Unterstützungsbandes durchgeführt werden. Bis zu einem Winkel von 115 Grad wird individuell entschieden, welche Struktur durchtrennt werden soll (Adams und Santschi 2000). Ab 115 Grad oder bei bereits länger bestehenden Kontrakturen muss die Tenotomie der tiefen Beugesehne erfolgen (Stashak und Adams 2010). Die Desmotomie des Unterstützungsbandes wird als sicher und wirkungsvoll beschrieben.

Des Weiteren können Pferde, bei denen diese Operation in einem Alter von unter einem Jahr durchgeführt wurde, ohne Einschränkungen im Sport eingesetzt werden. Auch der postoperative Schmerz ist geringer, das kosmetische Bild ist besser und die Sicherheit, dass die Fehlstellung behoben wird, ist höher als bei der Tenotomie der tiefen Beugesehne.

Die Besserung der Fehlstellung tritt sofort ein, bei manchen Fällen setzt die Besserung erst einige Tage nach der Operation ein, sobald sich die Fehlbildung zurückgebildet hat (Stashak und Adams 2010). Bei der klassischen Operation entsteht eine Operationsnarbe von ungefähr fünf Zentimetern. Eine neue Methode der Desmotomie ist die ultraschallgestützte Operation.

Das Unterstützungsband der tiefen Beugesehne wird mithilfe des Ultraschalls lokalisiert und die Operationsnarbe kann auf ein bis ein einen halb Zentimeter verkürzt werden. Folglich verkleinert sich auch die Angriffsfläche für Infektionserreger (Tnibar et al. 2010). Als postoperative Nachsorge empfehlen sich weitere Behandlungen durch den Hufschmied in Form von Trachtenkürzung oder orthopädischen Beschlägen und kontrollierte Bewegung vorerst an der Hand (O'Grady 2012).

Einfluss des Bockhufs auf die Schrittlänge

Vier Phasen des Ganges

Vor jeder Bearbeitung eines Hufs muss die Qualität des Ganges beurteilt werden, um das geeignete Verfahren der Bearbeitung zu bestimmen. Der Gang kann in vier Phasen unterteilt werden. Die Hangbeinphase, bei der ein Bein nach vorne geführt wird und darauf die Fußung, bei der das Bein aufgesetzt wird. Es folgt die Stützbeinphase, bei der der Huf vollen Bodenkontakt hat und zuletzt das Abrollen, bevor der Gang wieder in die Hangbeinphase übergeht. Im Übergang von Hangbeinphase zu Stützphase kommt es noch zur Gleitphase. Abhängig von Beschlag und Untergrund gleitet der Huf ein Stück über den Boden (Litzke et al. 2012).

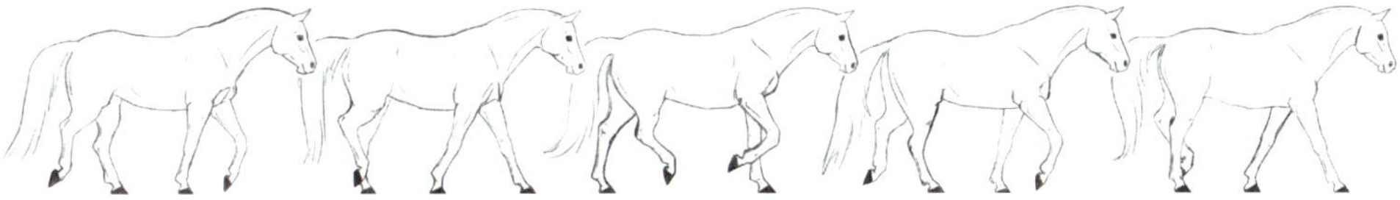

Abbildung: Gangbild im Schritt

Die Zusammenfassung der vier Phasen ist der Vorführbogen, welcher einen gleichmäßigen Verlauf aufweisen sollte. Bei seitlicher Betrachtung wird der Huf über die Zehe durch das Heben der Trachten abgerollt. Die Gliedmaße wird in einem gleichmäßigen Bogen vorgeführt und erreicht beim Vorbeiführen, auf Höhe der sich in der Stützbeinphase befindlichen Gliedmaße, den höchsten Punkt.

Beim Absetzten berühren die Trachten zuerst den Boden und bei der Fußung ruht der Schwerpunkt des Gewichtes auf Höhe der Strahlspitze (Stashak und Adams 2010). Bei der Fußung kommt es immer zu Fußungserschütterungen, dessen Stärke abhängig vom Untergrund und dem Beschlag sind. Beim Aufsetzen des Hufs auf den Boden wirken Kräfte auf die Strukturen innerhalb der Hornkapsel.

Einfluss der Hufform

Bei einer planen Fußung, bei der der gesamte Huf Bodenkontakt hat, wird diese Erschütterung ausgeglichen (Bucher 2012).

Ist die Gliedmaßenstellung beeinflusst, beispielsweise durch einen Bockhuf mit oder ohne Bodenkontakt der Trachten, können die beschriebenen Mechanismen nicht mehr wirken. Stashak (2010) beschreibt einen veränderten Vorführbogen.

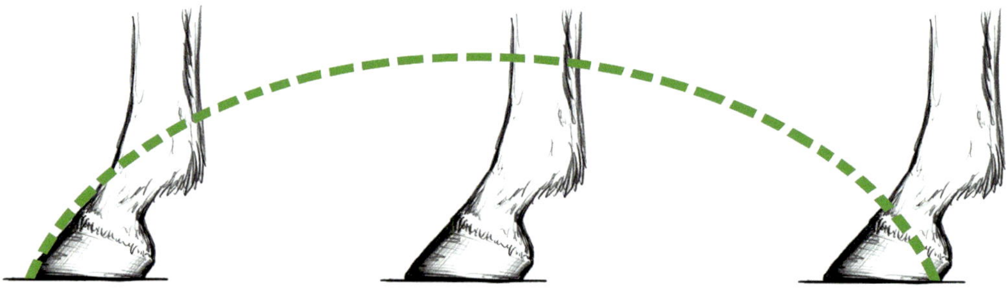

Abbildung: Regelmäßiger Vorführbogen bei passendem Fesselstand

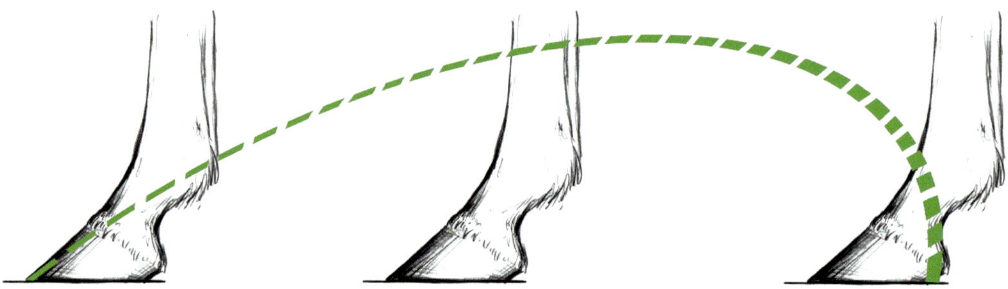

Abbildung: Abweichung der Vorführbogens bei zu flacher Hufsituation.

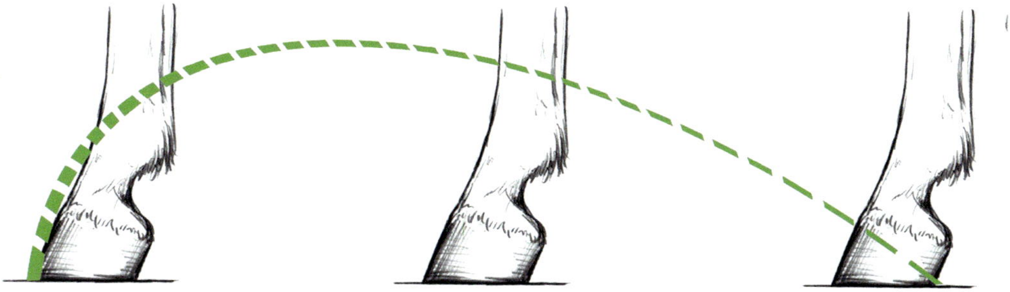

Abbildung: Abweichung der Vorführbogens bei zu steiler Hufsituation.

Bei einem Huf mit kurzer Zehe und hohen Trachten wird die Gliedmaße schneller vorgeführt und erreicht später den höchsten Punkt.

Das Pferd setzt den Huf so in einem spitzeren Winkel ab. Dies wird mit einem früheren Abrollpunkt bei einer kurzen Zehe begründet (Bucher 2012). Bucher (2012) sieht keine starke Beeinflussung des Vorführbogens durch die Hufform.

Der Schwerpunkt des Hufes wird von der Strahlspitze weiter Richtung Zehe verschoben. Dadurch kommt es zu einer verringerten Belastung der Beugesehnen und der Gleichbeine, jedoch zu einer erhöhten Fußungserschütterung (Stashak und Adams 2010).

Diese wird zusätzlich durch eine Fußung auf der Zehenspitze verstärkt, da die Fußungsfläche verkleinert ist und der Druck nicht gleichmäßig in der Hornkapsel verteilt werden kann. Hinzu kommt die Abnutzung der Zehe bei der Zehenspitzenfußung und der Gleitphase (Bucher 2012).

Abbildung: Gangbild im Trab

Material

Um sowohl weitere Fakten als auch Erfahrungsberichte einzuholen, wurden sechs Experten zum Interview gebeten. Für den Fachbereich der Hufbearbeitung und den Hufbeschlag wurden staatlich anerkannte Hufschmiede befragt.

Die Meisten arbeiten neben der Tätigkeit als mobiler Hufschmied in diversen Kliniken oder in einer stationären Beschlagsschmiede. Um einen tieferen Einblick in die medizinischen Seiten des erworbenen Bockhufes zu erhalten, wurden zusätzlich drei Tierärzte befragt. Die Experten praktizieren als mobile Pferdetierärzte sowie als Tierärzte in einer Pferdeklinik. Im Folgenden werden die Experten und ihr Werdegang kurz vorgestellt.

Hufschmied 1 (H1)

In den 70er Jahren legte der erste befragte Hufschmied (in der Folge als H1 bezeichnet) die staatlich anerkannte Prüfung zum Hufbeschlagsschmied ab und arbeitet seitdem als Hufschmied in Baden-Württemberg. Überwiegend arbeitet er für Tierkliniken und führte orthopädische Beschlagsarbeiten aus. Der Experte führt einen FN-geprüften Hufbeschlagfachbetrieb.

Hufschmied 2 (H2)

Der zweite Experte im Bereich Hufbeschlag (in der Folge: H2) und legte 1990 seine Meisterprüfung ab und machte sich daraufhin selbstständig. Achtzehn Jahre später erfolgte die Weiterbildung zum Hufbeschlagslehrschmied. Des Weiteren leitet er eine eigene Schmiede, in der Pferde am eigenen Standort beschlagen werden können und war an einigen Tierkliniken als Schmied tätig. Sein Wirkungskreis liegt in Baden-Württemberg.

Hufschmied 3 (H3)

Hufschmied Nummer 3 (H3) absolvierte zuerst eine Lehre zum Metallbau-Konstruktions-Techniker. Darauf begann er 2003 die Lehre zum Hufbeschlagsschmied und absolvierte die Abschlussprüfung. Seit 2007 ist dieser selbstständig und arbeitet als mobiler Hufschmied in Nordrhein-Westfalen (NRW).

Tierarzt 1 (T1)

Der zuerst befragt Fachtierarzt für Pferde (T1) hat sein Veterinärstudium 1968 an der Universität in München absolviert und anschließend den Fachtierarzt gemacht. 40 Jahre war er als Tierarzt in Baden-Württemberg tätig und betrieb eine Pferdepraxis mit angeschlossener Klinik, bevor er 2004 in den Ruhestand ging.

Tierarzt 2 (T2)

Tierarzt 2 (T2) studierte an der Freien Universität in Berlin Veterinärmedizin. Zwei Jahre nach dem Studium arbeitete dieser in Haltern als Tierarzt, bevor er sich als Teilhaber einer Praxis selbstständig gemacht hat. Seitdem führt er eine mobile Großtierarztpraxis mit angestellten Tierärzten in NRW.

Tierarzt 3 (T3)

Der dritte Tierarzt (T3) erhielt seine Approbation 1991 und schloss direkt danach die Ausbildung zum Fachtierarzt für Pferde an. Weiterhin erfolgte die Ausbildung zum Fachtierarzt für Innere Medizin bei Pferden. Der Tierarzt arbeitet seitdem in einer Tierklinik in NRW.

Methoden

Um das Wissen der vorgestellten Experten zu sammeln, wurde die Methode des leitfadengestützten Experteninterviews gewählt. Das folgende Kapitel beinhaltet eine präzise Vorstellung sowie eine Erläuterung dieser Interviewform. Des Weiteren wird die Vorgehensweise der durchgeführten Interviews erläutert sowie deren inhaltliche Analyse dargestellt.

Experteninterview

„Forschung ist ein kollektives Unternehmen von Menschen, die gemeinsam Wissen über die uns umgebende Welt und über uns selbst erarbeiten" (Gläser und Laudel 2010). Weiterhin beschreibt die Sozialforschung das Erforschen des menschlichen Handelns. (Gläser und Laudel 2010). Hier kann unterschieden werden zwischen qualitativer und quantitativer Sozialforschung. Quantitative Methoden schließen von statistischen Zusammenhängen auf Kausalzusammenhänge und qualitative Methoden suchen nach Kausalmechanismen und Bestimmungen deren Geltungsbereiche (Gläser und Laudel 2010).

Zwischen diesen Methoden wird das Experteninterview angesiedelt. Die nachfolgenden Experteninterviews werden in dieser Ausarbeitung der qualitativen Sozialforschung zugeordnet, eine gängige Methode in der Forschungspraxis. Um Wissen und Erfahrungen bestimmter Personen zu erschließen, ist es nötig, diese Personen zu befragen und das Wissen zu extrahieren (Bogner et al. 2009).

Im Experteninterview wird der einzelne Experte befragt, der als Person dargestellt, aber vor allem als Repräsentant seines Faches wahrgenommen wird. So entwickelt sich das Experteninterview zu einem Fachgespräch zwischen Interviewer und Interviewtem (Kruse und Schmieder 2014). Bei einem explorativen Interview geht es zunächst nicht um die Schließung bestimmter Wissenslücken, sondern eine offene Gesprächsführung, um ein breites Spektrum von Wissen und

Informationen zu erhalten (Bogner et al. 2014). Oft wird es zu Beginn einer Forschung durchgeführt und hat einen monologen Charakter seitens des Interviewpartners.

Das systematisierende Experteninterview wird angewandt, wenn bereits ein Forschungsfortschritt zu erkennen ist. Tiefergehende Zusammenhänge und feinere Strukturen sollen erforscht werden (Kruse und Schmieder 2014). Das Interview basiert auf einem systematischen Vorgehen mit einem ausdifferenzierten Leitfaden (Bogner et al. 2014).

Die in der vorliegenden Arbeit verwendete Form des Experteninterviews ist das theoriegenerierende Experteninterview. Es werden nicht nur Informationen abgefragt, die auf Fakten, Zusammenhängen und Strukturen basieren, sondern auch Wissen, welches auf Erfahrungen und Deutungen des Befragten beruht (Bogner et al. 2014).

Der Interviewer nimmt die Rolle des Koexperten ein und führt einen Dialog, lässt aber auch einen Monolog des Befragten zu (Kruse und Schmieder 2014). Hier wird, wie bei dem systematisierenden Experteninterview, ein gut strukturierter Leitfaden genutzt, der aber offen und frei verfolgt wird (Bogner et al. 2014).

Interviewleitfaden - Bockhuf

Der Leitfaden besteht aus drei Hauptthemenfeldern, die eine Verbindung herstellen sollen zwischen den Vorüberlegungen der Autoren und dem Wissen, das erschlossen werden soll (Gläser und Laudel 2010). Zuerst geht es um die Entstehung des Bockhufes.

Es wird erfragt wie und wann ein Bockhuf zum ersten Mal auftritt und welche Ursachen diesbezüglich relevant sein könnten, im nächsten Block werden die Förderung und der Verlauf der Bockhufentstehung behandelt.

Es wird erörtert, welche Aspekte den Bockhuf verstärken und ob es ein Endstadium gibt. Der abschließende Block soll das Thema der Therapie des Bockhufes beleuchten, es geht um verschiedene Methoden der Behandlung und Perspektiven. Für jedes Themenfeld wurden zwei bis fünf Fragen formuliert.

Es wurde darauf geachtet, dass die Fragen von jedem Experten beantwortet werden können und ein Gleichgewicht zwischen Strukturiertheit und Offenheit der Befragung besteht (Kruse und Schmieder 2014). Die Fragen sollen dem Interview als Gerüst dienen, welches weitgehend eingehalten wird. Sie sollen die Experten aber nicht in ihren Ausführungen einschränken. Wurden Fragen durch gegebene Antwort eine neue Richtung gelenkt, wurde diese von der Interviewerin aufgenommen und weiter hinterfragt. So entstanden Fragen, die nicht im Leitfaden aufgeführt sind.

Durchführung der Interviews

Vor den Durchführungen der Interviews wurde allen Experten der Interviewleitfaden zugesandt. Dies diente zur Vorbereitung der einzelnen Experten. Die durchschnittliche Dauer der jeweiligen Interviews betrug 20 bis 30 Minuten. Es wurden Interviews in Reiterstübchen, der Hochschule und einer Tierarztpraxis geführt. Das Interview mit T3 und H3 wurde aufgrund der Entfernung telefonisch durchgeführt.

Auswertung der Interviews

Um die Interviews gezielt auswerten zu können, wird jedes geführte Interview transkribiert. Die qualitative Inhaltsanalyse wird hierfür häufig verwendet und kann in einzelne Interpretationsabschnitte unterteilt werden und so einfacher nachvollzogen werden (Mayring 2015).

Das Ziel ist es, aus den gewonnenen Informationen den Teil zu gewinnen, der zur Beantwortung der Forschungsfrage nützlich ist (Gläser und Laudel 2010). Die hier verwendete Analysemethode beruht auf der Methode von Mayring (2000) und wurde von Gläser und Laudel (2009) weiterentwickelt. Die Methode basiert auf vier Hauptschritten, begonnen wird mit der Vorbereitung der Extraktion. Die Fragestellung muss formuliert werden und das zu analysierende Material wird bestimmt (Bogner et al. 2014).

Des Weiteren werden Kategorien als Analyseeinheiten festgelegt, um die gewonnenen Information ein zuordnen. Diese Kategorien basieren auf den theoretischen Vorüberlegungen, können aber im Verlauf der Analyse erweitert oder verkleinert werden, je nachdem, ob neue Aspekte aufkommen oder bestimmte Informationen nicht genannt werden (Gläser und Laudel 2010). Der nächste Schritt ist die Extraktion, hier werden Rohdaten dem Kategoriensystem zugeordnet.

Die einzelnen Rohdaten können auch mehreren Kategorien angehören (Bogner et al. 2014). Rohdaten müssen hier interpretiert werden und unterliegen festgelegten Extraktionsregeln (Gläser und Laudel 2010).

Bei der Aufbereitung der Daten werden die Aussagen der Experten in den einzelnen Kategorien zusammengefasst und sachlich sortiert. Die Qualität wird verbessert und Fehler werden eliminiert, die Menge der Rohdaten wird dadurch auswertbar und kleiner (Gläser und Laudel 2010). Beispielhaft wird ein Auszug aus einer durchgeführten Analyse dargestellt.

Interview	Paraphrase	Reduktion	Kategorie
1	Das entsteht schon im Fohlenalter	Entstehung im Fohlenalter	Entstehungsalter
1	Verhältnis von Beinlänge und Halslänge gestört; ein Fuß vorne, einer hinten beim Grasen; nicht abwechseln, ein flacher und ein Bockhuf entsteht.	Proportionen beeinflussen Fressverhalten, Händigkeit beeinflusst Bockhuf und Flachhuf.	Entstehungs-grund
1	Drei versch. Grade, je nach Zehen-Tragrandwinkel: geringgradig: 60–70 Grad mittelgradig: 75–90 Grad hochgradig: über 90 Grad	Zehen-Tranrandwinkel: geringgradig: 60–70 Grad mittelgradig: 75–90 Grad hochgradig: 90 Grad	Bockhuf allgemein
1	Nicht verwechseln mit Sehnenstelzfuß. Bei diesem steht das Pferd nur auf der Zehe, Trachten berühren nicht den Boden. Beim Bockhuf berührt Tragrand den Boden.	Tragrand berührt Boden. Wenn nicht: Stelzfuß	Bockhuf allgemein

Abbildung: Inhaltsanalyse der transkribierten Interviews in vereinfachter Form nach Mayring. Quelle: Eigene Darstellung in Anlehnung an Mayring (2015)

Der letzte Schritt der qualitativen Inhaltsanalyse ist die Auswertung, hier soll die Forschungsfrage beantwortet werden. Kausalzusammenhänge zwischen Ursache und Wirkungen werden zu diesem Zweck herausgearbeitet. Es gibt für den letzten Schritt der Analyse kein Verfahren und wird nach kreativen Bemessungen des Verfassers durchgeführt (Gläser und Laudel 2010).

Aufgrund der Anonymisierung werden den Experten in der folgenden Abhandlung Kürzel zugewiesen, welche lediglich kenntlich machen, ob die Aussage von einem Tierarzt (T) oder einem Hufschmied (H) stammt.

Bockhuf allgemein

Die Abstufungen des Bockhufs werden von H1 in drei Schweregrade unterteilt. Als geringgradige Stellung wird ein Zehen-Tragrandwinkel von 60–70 Grad definiert. Ein mittelgradiger Bockhuf liegt bei 75–90 Grad und ab 90 Grad liegt ein hochgradiger Bockhuf vor.

T1 bezeichnet einen Bockhuf bis zu einer Stellung von 60–80 Grad als geringgradig. Bei der Definition von einem mittelgradigen bis hochgradigen Bockhuf stimmt er mit H1 überein.

Erscheinungsbild

Beim Erscheinungsbild des Bockhufs muss laut T2 zwischen dem Bockhuf und der steilen Stellung mit nach vorne durchgewinkeltem Fesselgelenk unterschieden werden. Beide Fälle betreffen unterschiedliche Sehnen, letzteres ist eine Folge des Sehnenstelzfußes. Der Bockhuf steht in Verbindung mit der tiefen Beugesehne und das nach vorne durchgewinkelte Fesselgelenk mit der oberflächlichen Beugesehne.

H1 sieht den Unterschied zwischen Bockhuf und Sehnenstelzfuß im Bodenkontakt der Trachten. Berühren die Trachten den Boden, zählt die Fehlstellung zum Bockhuf. Es liegt ein Sehnenstelzfuß vor, wenn die Trachten den Boden nicht berühren.

T1 beschreibt das Erscheinungsbild des Bockhufs mit engen Trachten und tief liegendem Strahl und Strahlfurchen. Es kommt laut T3 zur vermehrten Beugung im Hufgelenk, wobei die Zehenachse gebrochen wird. Außerdem muss das Pferd durch die erhöhten Trachten vermehrt durchtreten, wodurch es zu einer erhöhten Belastung des Fesselträgerapparates kommt.

Die Erfahrung von T2 bei hochgradigen Bockhufen ist, dass bei röntgenologischer Betrachtung das Kronbein nicht mehr in der Gelenkpfanne des Hufbeins sitzt und eine schwerwiegende Lahmheit daraus resultieren kann.

T1 beobachtet, dass ein Bockhuf auch an den Hintergliedmaßen entstehen kann, wenn das jeweilige Bein lange entlastet wird. H2 entgegnet hingegen, dass ihm ein Bockhuf der Hintergliedmaße nicht bekannt sei, lediglich eine steile Stellung. Nach der Aussage von T2 ist das Auftreten eines Bockhufes keine Seltenheit bei Ankaufsuntersuchungen.

Entstehungsursache

Oft fängt die Entstehung des Bockhufs mit mangelnder Bewegung an, urteilt H3. Wird nicht angemessen reagiert und der steile Huf wird nicht fachgerecht versorgt, entsteht innerhalb weniger Tage oder Wochen ein Bockhuf. Derselben Meinung ist auch T2.

Laut T3 ist die häufigste Ursache für die Entstehung des Bockhufs Schmerz. Durchläuft das Pferd einen einseitigen, anhaltenden, schmerzhaften Prozess, wird der Huf nicht vollständig belastet oder das Fesselgelenk nicht durchgetreten. Es folgt die Umformung des Hufes.

T1 ist derselben Ansicht und beobachtet, dass entweder der ganze Huf zur Entlastung angehoben wird oder nur die Trachten entlastet wird, während die Hufspitze noch Kontakt zum Boden hat. So wird die Zehe abgenutzt, die Trachten aber nicht. Auch H2 stimmt dem zu. Er ergänzt, dass die Stellung nach Abklingen des Schmerzes angewöhnt werden kann.

Haltung

Derselbe Krankheitsmechanismus kommt laut T3 beidseitig zum Tragen, wenn die Hufe in trockenen Jahren auf der harten Wiese stark abgelaufen werden und es zu Huflederhautentzündungen kommt, dies kann laut T1 auch ohne Entzündung entstehen.

Durch das Suchen nach Gras auf hartem Boden wird die Zehe stark abgenutzt, die Trachten jedoch nur eingeschränkt und sie wachsen weiter. Von diesem Problem können ganze Jahrgänge betroffen sein.

H1 sieht die Hauptursache der Entstehung im Fressverhalten, stimmt das Verhältnis von Hals und Beinen nicht, stellt das Fohlen beim Grasen einen Fuß voran und einen zurück. Wird hier nicht abgewechselt, entsteht ein Bockhuf und ein Flachhuf, so H2. H1 ergänzt, dass die Händigkeit oftmals bewirkt, dass der vorangestellte Huf nicht abgewechselt wird.

Die Theorie der Beeinflussung der Proportionen auf das Fressverhalten unterstützt auch H3. Beim Zurückstellen des Beines kommt hinzu, dass sich die tiefe Beugesehne verkürzt. Dies tritt häufig auf, wenn der Sommer trocken ist und das Fohlen anstelle der Spitzen des hohen Grases an der Grasnarbe fressen muss.

T2 und H2 sehen das Stehen in einer Box mit tiefer Einstreu kritisch, da dies zur Förderung und zur Ausbildung des Bockhufs beitragen kann. H2 begründet es so, dass der Zehe in tiefer Einstreu der Gegendruck des Bodens fehlt, sie dadurch einsinkt und abgenutzt wird. Die

Trachten sinken nicht so weit ein und wachsen folglich, ohne abgenutzt zu werden, durch das vermehrte Trachtenwachstum kommt es zur Umformung des Hufes.

Wachstum und Fütterung

Ein ungleichmäßiges Wachstum von Knochen und Sehnen, kann nach H2 eine weitere Ursache für die Bockhufbildung sein, das bestätigt H1 und sieht den Grund für das ungleichmäßige Wachstum in der Überfütterung.

Das Ungleichgewicht zwischen Knochen und Sehnen sowie eine Überfütterung halten T1 und H3 als Ursache für ausgeschlossen. Die Bockhufbildung durch einen Fütterungsfehler kann T2 auch nicht bestätigen.

Es kann aber vorkommen, dass gut genährte Fohlen Mutterstuten mit einer hohen Milchleistung haben und dadurch einen Wachstumsschub bekommen und somit auch das Ungleichgewicht zwischen Knochen und Bandapparat entsteht.

Weitere Auslöser

Nach Erfahrung von T3 kommt es immer mal wieder zu Fällen, bei denen die Ursache nicht geklärt ist.

Es besteht die Annahme eines Missverhältnisses zwischen Knochen und Weichteilen. Was der Auslöser dafür ist, kann er nicht erklären. Die Erklärung, dass dies nur bei Fohlen in Boxen mit tiefer Einstreu und guter Fütterung auftritt, hält er für unwahrscheinlich, da der Bockhuf auch bei Fohlen auf der Weide auftreten kann. Eine weitere Erklärung für das Auftreten des Bockhufs kann das Scharren mit einer Gliedmaße sein.

Laut H2 schauen sich einige Fohlen die Angewohnheit des Scharrens bei der Mutter oder anderen Pferden ab. Manche Tiere scharren auch Wurzeln frei und nutzen so die Zehe übermäßig ab. Die These des Scharrens stützt auch H3, seiner Ansicht nach ist der Auslöser aber die Langeweile bei älteren Fohlen.

Zusammenfassung Entstehungsursachen

In der nachfolgenden Abbildung sind die am häufigsten genannten Entstehungsursachen aufgeführt. Interessant ist, dass der in Literatur aufgeführte Nährstoffmangel von keinem Experten als Entstehungsursache genannt wird. Außerdem ist der vorangestellte Fuß von allen Hufschmieden, aber keinen Tierärzten benannt.

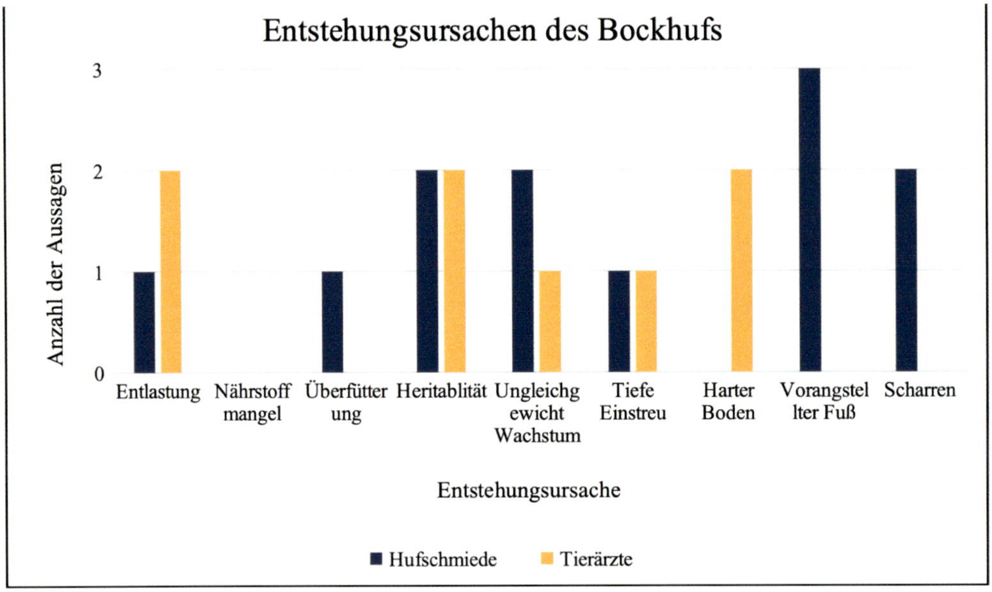

Abbildung: Entstehungsursachen des Bockhufs gegliedert nach Anzahl der Aussagen der Experten im Interview

Entstehungsalter

T2 beobachtet, dass der Bockhuf immer im ersten halben Lebensjahr des Fohlens auftritt, wenn die Stute noch laktiert. Die Entstehung sieht T1 zwischen dem zweiten und sechsten Lebensmonat.

Auch spät entdeckte Bockhufe sind nach der Meinung von T3 bereits zwischen dem zweiten und dem vierten Lebensmonat entstanden. Einzelfälle, welche aus diesem zeitlichen Rahmen herausfallen, können auftreten. H1 ist der Ansicht, dass das Risiko der Bockhufbildung entsteht, sobald die Fohlen zu grasen anfangen.

Förderung der Bockhufbildung

Wird die Ursache der Bockhufentstehung nicht erkannt und abgestellt, kann es laut T1 auch zu keiner Besserung kommen. Nach T3 fördern auch unbehandelte Lahmheiten die Ausbildung.

T2 merkt an, dass Fohlen viel Bewegung brauchen, um gesund aufzuwachsen. Steht das Fohlen viel in der Box und rennt beim Rausbringen auf die Weide los, kann es zu schmerzhaften Kontraktionen der Muskelbäuche und zu negativen Folgen für den gesamten Bandapparat kommen. T1 erläutert, dass die Energiezufuhr des Fohlens reduziert werden muss, um vermehrtes Wachstum in die Fehlstellung zu verhindern. Laut H1 fördert unter Umständen ein Mangel an Calcium die Bildung.

Endstadium

Alle Hufschmiede sehen das Überköten als Endstadium. H2 betont die Entwicklung zum Sehnenstelzfuß. Einige Fohlen können in diesem Stadium nur noch auf der Zehenspitze oder gar nicht mehr laufen, sagen H1 und H3.

Die Erfahrung von T3 zeigt, dass das Endstadium dann erreicht ist, wenn die dorsale Hufwand senkrecht zum Boden steht und der Huf eine kastenförmige Form angenommen hat. Außerdem wenn eine Hufbeinrotation erfolgt und eine Hutkrempenformation der Hufbeinspitze röntgenologisch sichtbar wird. Auch H2 sieht in der Hutkrempenformation durch das permanente steile Stehen das Endstadium.

T1 definiert dieses durch eine Atrophie der Hufbeinspitze. Als einen weiteren röntgenologischen Befund beschreibt T2, wenn das Kronbein stark luxiert ist. Laut T1 kann ein unbehandelter Bockhuf zum Durchlaufen der Zehe durch die Sohle und darauf hin zur eitrigen Entzündung der Huflederhaut führen. Wird auch dies nicht behandelt, folgen eine Blutvergiftung und der Tod des Fohlens.

Heritabilität

Als Schmied bestätigt H2, dass Stuten mit steiler Stellung diese oft weiter vererben, hält die Heritabilität des Bockhufs vonseiten des Vatertiers aber für unwahrscheinlich. Auch wenn diese von verschiedenen Hengsten bedeckt wurden, haben Fohlen häufig dieselben Probleme wie die Mutterstuten.

Die Weitergabe des Bockhufes auf Stutenseite wird auch von H3 angenommen. H1 ordnet die Vererbung weder Stuten- noch Hengstseite zu. T2 ist aufgefallen, dass die Weitergabe des Bockhufs der Mutterstute an die ersten Fohlen erfolgt. Jedes weitere erbt entweder die Neigung zum Bockhuf oder die Entwicklung des Bockhufs.

Eine genetische Neigung wird von T3 vermutet. Da es laut seines Kenntnisstandes aber keine wissenschaftlichen Untersuchungen dazu gibt, ist eine Urteilsbildung seinerseits nicht möglich. Auch T1 ist sich der direkten Heritabilität nicht sicher, vermutet aber eine Disposition, welche den Bockhuf zur Folge hat. Beispielhaft nennt er weiches Hufhorn auf hartem Boden.

Therapie

Generell gilt, ein Pferd mit einem gut behandelten Bockhuf, ist einem unbehandelten Bockhuf vorzuziehen, behauptet T3. Nach der Erfahrung von T1 reicht es bei einem geringgradigen Bockhuf oftmals aus, die Ursache abzustellen. Von H1 wird empfohlen das Fohlen oft auf hartem Boden zu bewegen. Diesem stimmt auch T3 zu.

Seiner Ansicht nach sollten betroffene Fohlen zur besseren Beobachtung aufgestallt werden. Die Box sollte halb eingestreut sein, sodass das Fohlen auch auf hartem Boden laufen muss. T2 ist derselben Meinung, harter Boden wirkt der Wachstumsveränderung entgegen. Ist die Neigung zum Bockhuf da, entwickelt sich dieser schneller in tiefer Einstreu.

T3 fasst die zu treffenden Maßnahmen bei einem Ballerinasyndrom, der Fußung auf der Hufspitze, im Anfangsstadium zusammen, indem er sagt, dass Aufstallen, Bewegung auf hartem Boden und ggf. Schmerzmittel gute Möglichkeiten zur Verhinderung der Ausbildung des Bockhufs sind. Eine weitere Therapieempfehlungen ist die Dehnung.

H1 berichtet von Dehnübungen mehrmals am Tag. Solange diese konsequent durchgeführt werden und nachsorgende Maßnahmen getroffen werden, kann der Bockhuf verhindert werden. H1 empfiehlt Hilfsmittel für die Streckung der Sehnen. Wird ein Pferd einseitig auf ein Holzbrett mit einer Winkelung von 30 Grad gestellt sowie das andere Bein angehoben und gehalten, kann bei mehrmals täglicher Anwendung der Bockhuf auskuriert werden. Zusätzlich zum Dehnen empfiehlt T2 das Massieren der Muskelbäuche der Endsehnen.

Diese liegen oberhalb des Vorderfußwurzelgelenkes und neigen bei der Bockhufbildung zu schmerzhaften Kontraktionen. Ein Hinweis von T1 ist die Reduzierung der Energiezufuhr, sodass das Wachstum der Gliedmaße verlangsamt wird.

Therapie: Barhuf Bearbeitung

Kann der Hufschmied verantworten, die Stellung des Fohlens allein zu korrigieren, wird zunächst kein Tierarzt hinzugezogen, erklärt H3.

Ist unklar, ob die Fehlstellung mit der Bearbeitung durch den Hufschmied behoben werden kann, wird von Anfang an ein Tierarzt konsultiert, das hat neben medizinischen auch rechtliche Gründe.

H2 erläutert, dass der Hufschmied nur für den Beschlag und der Tierarzt für die Behandlung verantwortlich ist. Er ist der Ansicht, dass der Huf nicht nur nach Lehrbuch zu bearbeiten ist. Alle Information, die durch das Pferd ersichtlich sind und auch die, die der Reiter preisgibt, müssen hinzugezogen werden, um den Huf korrekt zu bearbeiten. Eine regelmäßige Kontrolle des Pferdebesitzers und die Bearbeitung des Schmieds können einen Bockhuf laut H1 bereits verhindern oder korrigieren.

H2 versucht die Korrektur des Bockhufs zuerst mit dem Kürzen der Trachten und einer geänderten Haltung. Harter Boden wird empfohlen. Auch H3 beginnt mit dem Wegnehmen eines Teils der Trachten und beobachtet den weiteren Verlauf, um die Art der weiteren Bearbeitung einzuschätzen.

H3 setzt das optimale Intervall zum Wegraspeln der Trachten auf eine Woche fest und rät dringend zum Abstellen der Ursache, H2 bevorzugt ein Intervall von zehn bis vierzehn Tagen. Beim Wegnehmen der Trachten muss nach T1 darauf geachtet werden, dass die Zehe nicht zu kurz wird und keine Huflederlederhautentzündung entsteht. Ist ein Züchter nicht gewillt die betroffenen Fohlen regelmäßig von der Weide zu holen, müssen andere Maßnahmen angewandt werden, bedauert H3.

Mit einem Mal wird der Großteil der Trachten weggenommen, um eine regelmäßige Hufform herzustellen, das hat häufig Lahmheit zur Folge. Diese Form der Bearbeitung ist nicht zu empfehlen und die Züchter holen trotz der Maßnahme nach einigen Wochen den Hufschmied erneut. Nach dieser Methode darf besonders bei älteren Pferden nicht verfahren werden, da es sonst zur Entzündung oder Reizung der Sehnen und der Hufrolle kommt.

Therapie: Beschlag

Im fortgeschrittenen Stadium wendet H1 einen Bockhufschuh oder ein Eisen an. Die Auswahl des Beschlags wählt H3 je nach Haltungsform des Fohlens. Läuft das Fohlen viel durch nasses Gras, hält eine geklebte Variante nur wenige Tage. Hier ist es sinnvoll ein genageltes Eisen anzubringen. Optional kann dieses nach vorne versetzt werden und mit Kunststoff zu einer künstlichen Zehe aufgefüllt werden. Eine häufigere Kontrolle bei genagelten Eisen ist unabdingbar.

T1 sieht als einfachste Beschlagmethode das Halbmondeisen. Das ist ein dünnes, leichtes Eisen, welches die Bewegung des Fohlens nicht einschränkt. H2 erläutert, dass das Halbmondeisen am Zehenteil des Hufes angebracht und mit vier Nägeln befestigt wird. Das dient als Hufschutz, um das Abscheuern der Zehe zu verhindern, er betrachtet dies jedoch als veraltete Methode.

T1 beschreibt das sogenannte Schnabeleisen, das ist ein volles Eisen mit vergrößerter Zehenfläche, welche das Fohlen zum Durchtreten bringt. Häufig lockern sich die Nägel, weshalb die Schenkel und die Nagelung nach hinten verlagert werden können. Das Schnabeleisen wird wie das Bügeleisen als veraltete Methode angesehen. Bei jedem genagelten Eisen warnt T1, dass es keinen Absatz zwischen Schenkelende und Tragrand geben darf.

Der Verlauf der Sohle darf nicht gestört werden. Außerdem ist das Risiko der Vernagelung bei den dünnen Fohlenhufwänden hoch. Aus diesem Grund empfiehlt H1 das Kleben. Auch, da Fohlen bei der Bearbeitung nicht lange stillstehen können. Wenn die Zehe bereits stark weggebrochen oder geschart ist, raten H3 und T3 eine Extension der Zehe mit Kunststoff.

Dies schützt die Zehe und fördert das Durchtreten. H2 erklärt, dass die Zehe mit einem zwei Komponentenkleber aufgefüllt wird. T1 und T2 empfehlen ausdrücklich den Klebehufschuh, da dadurch

Traumata durch Nägel ausgeschlossen sind. T1 empfindet den Hufmechanismus als beachtenswert und rät, die Trachten weiterhin zu belasten, damit der Hufmechanismus arbeiten kann.

Dazu kann ein Hufschuh dienen, der am Zehenteil erhöht ist, um die Trachten zum Boden zu bringen und damit eine Belastung zu generieren.

Bei geringgradigen Fällen kann ein Schuh mit erweiterter Zehenfläche angeklebt werden und nach 14 Tagen sollte eine Besserung zu sehen sein. Heutzutage werden Hufschuhe von der Marke Dallmer oder anderen Herstellern verwendet, bei welchen eine Zehenextension bereits angebracht ist, erklärt H3.

Den Klebehufschuh beschreibt H2 mit einer kompletten Bedeckung der Sohle und einer umlaufenden Kunststofflippe, an welcher der Hufschuh an der Hufwand befestigt wird.

H3 bereitet vor dem Kleben den Huf vor, indem dieser bearbeitet und entfettet wird. Dann wird der Kleber am Schuh aufgebracht und sitzt innerhalb einer halben Minute fest am Huf. Die Schnelligkeit des Klebens ist für H2 wichtig, da die Fohlen nicht lange den Huf hochhalten wollen und können. Der Nachteil des Klebers ist allerdings, dass dieser sehr heiß werden kann, warnt H3.

H2 ergänzt, dass der Kleber bis zu 68 Grad heiß werden kann, wenn dieser zu viel aufgetragen wird. Daraus kann eine Störung in der Röhrchen- und Plättchenschicht resultieren.

Wird die Trachte mehr belastet, rät T1 den Kunststoffbeschlag abzuraspeln, ohne den Schuh abzunehmen. Allerdings erneuert H1 den Klebehufschuh alle zwei bis drei Wochen und behält die Therapie über mehrere Wochen und Monate bei, je nachdem wie sich der Bockhuf entwickelt.

H2 bestimmt das Intervall zum Erneuern nach dem Alter des Fohlens. Mit zwei bis vier Wochen bleibt der Klebehufschuh fünf Tage am Huf. Bei älteren Fohlen kann der Schuh laut H2 bis zu 21 Tage anbehalten werden. Empfohlen wird ein Intervall von fünf bis zehn Tagen. Mit dem Erneuern sollte ein paar Tage gewartet werden, damit sich die Hornkapsel dehnen kann und Verformungen verhindert werden können.

Wird der Hufschuh zu selten erneuert, kann es nach der Erfahrung von H2 zu einem Trachtenzwanghuf kommen. Die festgeklebte Lasche lässt ein Wachsen des unteren Teils des Hufes nicht zu.

Therapie: Medikamente

Tritt keine Besserung durch die Bearbeitung und den Beschlag des Hufschmiedes ein, übergibt H1 seine Kunden an den Tierarzt, welcher medikamentös oder operativ eingreifen kann.

Schmerzmittel werden von T1 allerdings nicht empfohlen, da Sekundärerkrankungen durch übermäßige Belastung auftreten können. Außerdem ist es möglich, dass durch den ausgelösten Bewegungsdrang der Fohlen Nägel des Beschlags gelöst werden.

T2 hat Erfahrungen mit Tetracyclin Infusionen gemacht. Dies ist ein Antibiotikum, welches den Bandapparat aufweicht. Die tiefe Beugesehne gibt nach und die Stellung wird korrigiert. Ein Nachteil ist, dass diese Behandlung nur bis zu einem bestimmten Alter sinnvoll ist. Ähnlicher Meinung ist auch T3.

Dieser erklärt die Wirkung des Oxytetracyclins damit, dass es kurzfristig Calcium bindet, welches zum Erschlaffen der Muskulatur führt. Bei angeborenen Bockhufen hat diese Therapie einen sehr guten Erfolg, bei erworbenen allerdings nur einen überschaubaren. Das liegt daran, dass erworbene Bockhufe eine Ursache haben und schon über einige Zeit behandelt wurden. Wie T2 ist auch T3 der Ansicht, dass das Antibiotikum nur in einem kurzen Zeitfenster im Alter der Fohlen Erfolg hat.

Therapie: Operation

H2 erklärt, dass Besitzer und Tierarzt einen chirurgischen Eingriff abwägen sollten, wenn mehrmalige Korrekturversuche durch den Schmied keinen Erfolg zeigen.

Auch H1 und T3 empfehlen nach der erfolglosen Therapie durch Bearbeitung und Beschlag die Möglichkeit der Durchtrennung des Unterstützungsbandes der tiefen Beugesehne.

Diese ist laut T2 auch noch realisierbar nach einer Behandlung mit Oxytetracyclin. T1 erklärt, dass das Unterstützungsband im hinteren Bereich der Vorderfußwurzel ansetzt und sich auf halber Höhe der Röhre mit der tiefen Beugesehne vereinigt. Diese verläuft bis zur Sohlenfläche des Hufbeins. Die Durchtrennung des Unterstützungsbandes erhöht die Flexibilität der Strukturen und ermöglicht das Durchtreten im Fesselkopf.

Die Operation wird von T2 veranschaulicht: Das Fohlen wird in Vollnarkose abgelegt und es erfolgen ein Hautschnitt und die Durchtrennung des Unterstützungsbandes. Nach einiger Zeit vernarbt das Band und wird somit länger.

Therapie: weiterführende Maßnahmen nach der Operation

Zur Nachsorge rät T1 einen geeigneten Beschlag und fachgerechte Versorgung, des Weiteren Bewegung auf hartem Boden, damit die Tendenz zum Überköten nach hinten gelenkt wird.

H2 verweist darauf, dass die Hornkapsel nach der Operation konsequent korrigiert werden muss. Nach vorsichtigem Antrainieren können operierte Pferde Leistung erbringen, äußert T1.

H2 merkt an, dass nicht vorhergesagt werden kann, ob die Operation ein Erfolg wird. Es gibt auch Fälle, bei denen der gewünschte Effekt nicht auftritt. T1 äußert ebenfalls Bedenken.

Das Durchtrennen des Unterstützungsbandes verlagert die ganze Last auf die tiefe Beugesehne. Darauf folgt häufig eine Sehnenentzündung. Nach der Operation benötigen die Fohlen Ruhe und müssen erneut an die Bewegung gewöhnt werden. Die Entzündung heilt jedoch aus und bringt keine negativen Konsequenzen mit sich. Einen weiteren Nachteil der Operation sieht T3. Das Unterstützungsband wächst narbig zusammen und führt zu einer äußeren optischen Beeinträchtigung. In seltenen Fällen verwachsen die Sehnen, was mit einer Lahmheit einhergehen kann.

Therapie: Durchtrennung der tiefen Beugesehne

Nach erfolgloser Durchtrennung des Unterstützungsbandes kann die tiefe Beugesehne durchtrennt werden. Diese Methode hat allerdings eine schlechte Prognose und wird von T1 nicht empfohlen. T3 sieht ebenfalls einen Nachteil darin, da die tiefe Beugesehne zwar narbig wieder zusammenwächst, aber nicht mehr so belastbar ist wie vor der Operation.

Rückfälle

Die Erfahrungen von H1, H2 und T2 sind, dass die Tendenz zum Bockhuf oder steilen Huf dauerhaft gegeben ist und Korrekturen bei jedem Besuch durchgeführt werden müssen. Steht das Pferd aber unter ständiger Beobachtung des Besitzers, kann eine erneute Bildung des Bockhufs verhindert werden.

H3 ergänzt, dass Pferde mit stark ausgeprägten Bockhufen, die zusätzlich barfuß laufen, immer zur Bockhufbildung neigen. Hatte der Bockhuf allerdings mechanische Ursachen, welche im Laufe der Zeit abgestellt wurden, kommt es nicht zu Rückfällen. Wird das Fohlen fachgerecht gehalten, kommt es ebenfalls nicht zu Rückfällen, beobachtet T1.

Trotzdem sollten die Pferde – wie jedes andere auch – unter Beobachtung stehen. Rückfälle hält auch T3 für unwahrscheinlich. Im Laufe der konservativen Behandlung kann der Erfolg allerdings schwanken. Bei operierten Fohlen kommt es nicht zu Rückfällen, es sei denn, der Bockhuf konnte nicht vollständig beseitigt werden. Das kann nach Beobachtung von T2 vorkommen, wenn die Operation in höherem Alter der Fohlen durchgeführt wird und das Bindegewebe bereits zu sehr gefestigt ist.

Zusammenstellung der am häufigsten verwendeten Begriffe

In den folgenden Abbildungen wurden Wortwolken erstellt, um die am häufigsten genannten und relevantesten Worte der Experten zu verbildlichen. Es wurden einige Worte bewusst von der Verfasserin außen vor gelassen, damit ein aussagekräftigeres Bild entstehen kann. Beispielsweise wurden die Worte „Huf“, „Bockhuf“ oder „Fohlen“ nicht beachtet. Die häufigsten 20 Worte sind in den Wortwolken aufgeführt.

Neben fachspezifischen Begriffen aus den Berufszweigen der Experten, werden jeweils allgemeine Begriffe zu Thema verwendet, wie „Boden“, „vorne“ und „erworben“. Diese drei Begriffe zählen zu den neun Begriffen, die die beiden Expertengruppen gleichermaßen und mehrmals verwendet haben. Hinzu zählen „Mutterstute“, „Schmied“, „Trachten“, „operiert“ und „Zehe“. Außerdem können die Begriffe Hufeisen (von den TAs genannt) und Beschlag (von den HSs benannt) den gleich benannten Begriffen zugeordnet werden.

Auffällig ist, dass die Hufschmiede mehr Fachbegriffe aus der Hufbeschlagkunst verwenden als die Tierärzte aus der Veterinärmedizin. Sieben der zwanzig verwendeten Begriffe der Hufschmiede lassen sich in den Augen der Verfasserin unmittelbar der Hufbeschlagkunst zuordnen. Diese sind „steil“, „Zehe“, „Beschlag“, „Nageln“, „Bockhufschuh“, „Kleben“ und „Trachte“. Vier Begriffe fallen unter die Veterinärmedizin. Bei den Tierärzten sind drei Begriffe fachspezifisch zu betrachten: „Beugesehne“, „operiert“ und „Unterstützungsband“. Vier weitere können der Hufbeschlagkunst zugeordnet werden, die Restlichen sind allgemein gehalten.

Die Wortwolken zeigen deutlich die Kompetenzen der Experten, welche sich logischerweise innerhalb ihres Fachbereichs bewegen. Bei Themengebieten, welche sich außerhalb dieser Kompetenzen befinden, wird direkt auf die andere Expertengruppe verwiesen. Eine Behandlung des erworbenen Bockhufs kann folglich nur in Kooperation zwischen Hufschmieden und Tierärzten erfolgreich behandelt werden.

Bei näherer Betrachtung der transkribierten Interviews wird eine Kooperation zwischen Tierärzten und Hufschmieden gewünscht. Erreicht der erworbene Bockhuf ein höheres Stadium, raten die Hufschmiede einen Tierarzt zu konsultieren, um die Behandlung bestmöglich weiter zuführen.

Abbildung der 20 am häufigsten verwendeten Worte der Hufschmiede.

Abbildung der 20 am häufigsten verwendeten Worte der Tierärzte.

Herausstellung der Ergebnisse zur Beantwortung der Arbeitsfragen

Entstehungsursache

Die Arbeitsfragen der vorliegenden Studie konnten von jedem Experten beantwortet werden. Die Entstehungsursache wird unterschiedlich bewertet. T1, T3 und H2 sehen Schmerz als eine Primärursache. Der betroffene Huf wird vollständig entlastet oder nur die Hufspitze wird durch Anheben der Trachte belastet. Dasselbe Problem kann laut T2 ebenfalls auftreten, wenn Fohlen sich auf harten Weideböden die Zehe stark ablaufen.

Das Fressverhalten ist ebenfalls ein denkbarer Auslöser. Alle Hufschmiede stützen die These, dass die Gliedmaße, welche beim Grasen vorangestellt wird, zu selten abgewechselt wird, die Folge ist die Entstehung eines Bockhufs. Das Stehen in einer Box mit tiefer Einstreu wird von T2 und H2 kritisch gesehen.

Die Zehe sinkt ein und nutzt sich ab, wo hingegen die Trachte unabgenutzt weiter wächst. Das ungleiche Wachstum von Knochen und Bandapparat, welches zum Zug der tiefen Beugesehne auf das Hufbein führt, wird von H2 beschrieben. H1 ergänzt eine mögliche Überfütterung, die diesen Vorgang auslöst. H2 und H3 sind der Ansicht, dass Scharren mit einer Gliedmaße die Zehe abnutzt und die Bockhufentstehung fördert. T3 betont jedoch, dass es immer wieder zu ungeklärten Entstehungsursachen kommt.

Entwicklung der Fehlstellung

Die Experten sind sich einig, dass das Abstellen der Ursache die erste Handlung sein muss, um die Entwicklung des Bockhufs nicht weiter zu fördern. Fohlen brauchen ausreichend Bewegung, um gesund aufzuwachsen, so T2. Auch die Reduzierung der Energieaufnahme kann nach der Ansicht von T1 zur Verhinderung der weiteren Ausbildung beitragen, ebenfalls eine ausgeglichene Calciumversorgung, laut H1.

Therapie: Bearbeitung und Beschlag

Als erste Korrekturmaßnahme empfehlen die Hufschmiede das Abraspeln der Trachten. Die Beugesehnen werden gedehnt und der Huf kann in die normale Position zurück wachsen. Bringt dies kein Erfolg, muss ein Beschlag angebracht werden. Eine genagelte Variante ist das Halbmondeisen, welches vorrangig als Zehenschutz fungiert.

Der Klebehufschuh schützt die dünne Hornwand der Fohlen vor Traumata durch Nägel. Dieser kann durch Keile die Trachten erhöhen oder durch eine erweiterte Zehenfläche das Fohlen zum Durchtreten veranlassen. Auch eine modellierte Zehenextension ist möglich, welche als Zehenschutz gedacht ist und ebenfalls zum Durchtreten animiert.

Therapie: Medikamente

T2 und T3 sehen als nächste Möglichkeit eine Infusion mit dem hoch dosierten Antibiotikum Oxytetracyclin. Dieses führt dazu, dass der Bandapparat nachgibt und die Stellung korrigiert wird, das kann jedoch nur bei einem Bockhuf der jungen Fohlen angewandt werden.

Therapie: Operation

Führt keine dieser Methoden zum Erfolg, muss chirurgisch eingegriffen werden. Das Durchtrennen des Unterstützungsbandes der tiefen Beugesehne führt zu einer erhöhten Flexibilität der tiefen Beugesehne und erleichtert das Durchtreten. Ist der Bockhuf hochgradig und kann mit einer Durchtrennung des Unterstützungsbandes nicht behoben werden, gibt es die Möglichkeit der Durchtrennung der tiefen Beugesehne. T1 und T3 äußerten sich zu dieser Methode und raten aufgrund der resultierenden verringerten Belastbarkeit davon ab.

Vergleich der Ergebnisse

Im Folgenden ist eine Tabelle aufgeführt, welche die durchschnittliche oder am häufigsten genannte Antwort der befragten Experten und der recherchierten Literatur aufzeigt. Die in Klammern geschriebene Zahl gibt die Anzahl der sich zu dem Thema geäußerten Quellen an.

Interpretation der Ergebnisse

Bockhuf allgemein

Die Schweregrade des Bockhufs werden in der Literatur ähnlich definiert wie von den Experten. Körber (2006) sieht jede Hufform als Bockhuf, sobald der Zehen-Tragrandwinkel 60 Grad übersteigt, als geringgradig zählt dieser noch bis zu einem Winkel bis 70 Grad.

Zum mittelgradigen Bockhuf werden Stellungen zwischen 70 und 90 Grad einbezogen und ab 90 Grad zum hochgradigen Bockhuf. H1 sieht einen Bockhuf ab 75 Grad als mittelgradig an, T1 sogar erst ab 80 Grad. Bei der weiteren Klassifizierung nach Körber (2006) stimmen die Experten aber überein. Der Bockhuf kann an jeder Gliedmaße der Vorder- und Hinterhand auftreten (Körber 2006).

	Literatur	Hufschmiede	Tierärzte
Schweregrad	Gg: 60–70 Grad Mg: 70–90 Grad Hg: ab 90 Grad	Gg: 60–70 Grad Mg: 70–90 Grad Hg: ab 90 Grad	Gg: 60–80 Grad Mg: 80–90 Grad Hg: ab 90 Grad
Entstehungsursache	Schmerzen (3) Fütterung (3) Haltung (2)	Schmerzen (1) Fütterung (1) Haltung (3) Scharren(2) Voranstellen einer Gliedmaße (2)	Schmerzen (2) Fütterung (1) Haltung (3)
Entstehungsalter	Entstehungsalter 6, 6 Wochen bis 6, 6 Monate (3)	Ab Beginn grasen (1)	2–5 Monate (3)
Heritabilität	Ja	Ja	Ja
Bearbeitung und Beschlag	Trachten kürzen (3) Trachten erhöhen (1) Beschlag (3) Bockhufschuh (2) Zehenextension (3)	Trachten kürzen (3) Dehnen (1) Beschlag (1) Bockhufschuh (3) Zehenextension (2)	Trachten kürzen (3) Trachten erhöhen (1) Dehnen (2) Beschlag (1) Bockhufschuh (2) Zehenextension (1)
Medikamentöse Behandlung	Oxytetracyclin (4) Schmerzmittel (1)	Oxytetracyclin (1)	Oxytetracyclin (2) Schmerzmittel (1)
Operation	Durchtrennung Unterstützungsband der TBS (6)	Durchtrennung Unterstützungsband der TBS (3)	Durchtrennung Unterstützungsband der TBS (3)

Abbildung: Zusammenstellung der Ergebnisse von Experten und Literatur

Dieser Ansicht ist auch T1, wohingegen H2 kein Auftreten des Bockhufs an der Hinterhand bekannt ist, lediglich steile Stellungen. Hunt (2012) und T2 sehen einen Bockhuf nicht als Seltenheit an. Die Beugefehlstellung des Bockhufs ist lokalisiert im Hufgelenk und führt eine gebrochene Fesselachse mit sich (Stashak und Adams 2010).

Dieses Erscheinungsbild beschreibt auch T3. Die Trachten berühren den Boden (Körber 2006). Ist dies nicht der Fall, zählt H1 die Fehlstellung als Bockhuf. Die Tierärzte sind der Meinung, dass auch ein Bockhuf vorliegen kann, wenn die Trachten den Boden nicht berühren. Die Beteiligung der tiefen Beugesehnen ist in der Literatur und unter den Experten unumstritten (Entwistle und Krüdewagen 2006).

Entstehungsursache: Veränderung des Beugeapparates

Ursache für jede Veränderung der normalen Hufform zum Bockhuf ist eine Veränderung des Beugeapparates und eine Verkürzung der tiefen Beugesehne (Stashak und Adams 2010).

Eine Beteiligung der oberflächlichen Beugesehne an den Umformungsprozessen hält Stashak (2010) für wahrscheinlich. Für T2 liegt in den Beteiligungen der Beugesehnen der Unterschied zwischen Bockhuf und Sehnenstelzfuß. Ein Bockhuf wird dann gebildet, sobald die tiefe Beugesehne beteiligt ist. Ist die oberflächliche Beugesehne betroffen, entsteht ein Sehnenstelzfuß.

Entstehungsursache: Schmerz

Stashak (2012) unterscheidet zwischen der einseitigen oder beidseitigen Entstehung mit verschiedenen Entstehungsursachen. Beim Bockhuf an einer Gliedmaße ist Schmerz der Auslöser (Stashak und Adams 2010). Durch das Entlasten der schmerzhaften Gliedmaße werden die Zehengelenke nicht mehr durchgetreten (Körber 2006).

T1 und H2 sehen den Schmerz als Ursache für die Entstehung. Es wird entweder der ganze Huf zur Entlastung angehoben oder nur die Trachten. Bei letzterem Fall wird die Zehe abgenutzt und die Trachten wachsen weiter, was zu der Bockhufform des Hufes führt.

Im Gegensatz zu Stashaks (2010) Meinung kommt dieser Prozess laut T1 beidseitig zum Tragen. Ist der Boden in einem trockenen Sommer sehr hart, kann es dazu kommen, dass die Fohlen die Hufe stark abnutzen und es zu Huflederhautentzündungen kommt. In dem Fall werden beide Vordergliedmaße auf Grund von Schmerzen entlastet.

Entstehungsursache: Ungünstiger Untergrund

Das Problem der Abnutzung der Zehe auf hartem Boden nennt auch T1. Körber (2006) nennt harten Boden ebenfalls als Problemquelle, führt aber auch zu weichen Boden an. Fehlt der Zehe der Gegendruck des Bodens, sinkt diese in die Einstreu ein und wird abgenutzt und die Trachten wachsen weiter (Körber 2006),T2 und H2 stimmen dem zu.

Entstehungsursache: Anatomie

Hat ein Fohlen proportional gesehen einen zu kurzen Hals für die langen Beine, muss ein Bein beim Fressen vom Boden vorangestellt werden. Es ist üblich, dass die Fohlen dies nicht regelmäßig abwechseln. Die Trachten des zurückgestellten Beins heben ab und wachsen durch die fehlende Abnutzung schneller als die belastete Zehe (O'Grady 2012).

Der vorangestellte Huf wird nach der Beobachtung von H2 oft zum Flachhuf. H1 ergänzt, dass die angeborene Händigkeit entscheidet, welcher Fuß vorgestellt wird. Alle Hufschmiede unterstützen im Gegensatz zu den Tierärzten diese These.

Entstehungsursache: Fütterung

Der beidseitige Bockhuf entsteht laut Stashak (2010) aufgrund eines Nährstoffmangels, was auch Körber (2006) bestätigen kann, von den Experten stimmt dem niemand zu. Für H1 und H2 ist es wahrscheinlicher, dass eine Überfütterung Nachteile in dieser Hinsicht mit sich bringt. Wird dem Fohlen zu viel Energie zugeführt, kommt es zu einem erhöhten Wachstum der Knochen, bei dem der Bandapparat nicht mithalten kann und es kommt zu einem Ungleichgewicht.

Der Zug der tiefen Beugesehne auf das Hufbein wird stärker und der Bockhuf entsteht (Körber 2006). Kommt zu dem Ungleichgewicht noch eine Entzündung im Zehenbereich hinzu, wird die Bockhufbildung noch beschleunigt (Carstanjen und Kraft 2010). In der vorliegenden Literatur wird die folgende Erfahrung von H2 und H3 nicht wiedergegeben. Es wurde beobachtet, dass das Scharren mit einer Gliedmaße die Zehe so stark abnutzen kann, dass sich ein Bockhuf entwickelt.

Entstehungsalter

Das Alter der Fohlen, in dem der Bockhuf entsteht, wird unterschiedlich angegeben. Bockhufe treten jedoch immer in den ersten Lebensmonaten des Fohlens auf. T2 hält es allgemein und sieht die Bockhufentstehung im ersten halben Jahr. Auch H1 legt sich nicht fest und gibt an, dass Bockhufe entstehen, sobald die Fohlen anfangen zu grasen.

In der Literatur wird ein Zeitraum von zwei bis sechs Monaten genannt (O'Grady 2012). Dieser Ansicht ist auch T1. Die Entwicklung kann auch schon eher beginnen. Zwischen sechs Wochen und sechs Monaten (Carstanjen und Kraft 2010) oder sechs Wochen und acht Monaten (Adams und Santschi 2000). Das kleinste Zeitfenster der Entstehung beschreibt T3 mit zwei bis vier Monaten.

Endstadium

Körber (2012) beschreibt den hochgradigen Bockhuf lediglich bis zum Überköten, welches die Hufschmiede ebenfalls als Endstadium anerkennen. Eine Demineralisierung kann durch die permanente Steilstellung des Hufes an der Hufbeinspitze erfolgen (Robert J. Hunt 2012). Dies wird auch von T1 unterstützt, welcher ebenfalls das Durchlaufen der Zehe zu Bedenken gibt. Statt einer Demineralisierung sehen T3 und H2 eine röntgenologisch sichtbare Hutkrempenformation der Hufbeinspitze als Endstadium. Das führt, wie von H1 und H3 benannt, dazu, dass die betroffenen Fohlen nur noch unter Schmerzen oder gar nicht mehr laufen können. T2 führt mit der straken Luxierung des Kronbeins einen weiteren röntgenologischen Befund bei Bockhufbildungen auf.

Heritabilität

Von der Heritabilität des Bockhufs sind Körber (2006), O´Grady (2012) und Stashak (2010) überzeugt. Hunt (2012) beschreibt lediglich eine Disposition und auch Carstanjen und Kraft (2010) sprechen nur von Genetik. Die Heritabilität bestätigen auch H1, H3 und T2. H2 beschreibt die Vererbung steiler Stellungen, geht jedoch nicht explizit auf den Bockhuf ein. Eine Vererbung der Felstellung hält er grundsätzlich für unwahrscheinlich. T3 und T1 vermuten eine genetische Disposition, beiden Experten liegen jedoch keine wissenschaftlichen Belege vor, inwiefern der Bockhuf vererbt werden kann.

Therapie

Befindet sich der Bockhuf im Anfangsstadium, kann schon das Abstellen der Ursache zur Besserung führen (Adams und Santschi 2000).

Dieser Meinung sind auch die Experten. Bei Schmerzen sollte das Fohlen Schmerzmittel bekommen oder in einer kleineren Box aufgestallt werden (Adams und Santschi 2000). Das Aufstallen nutzt T3 zur besseren Beobachtung des Verlaufs. Er empfiehlt, dass die Box nur zur Hälfte eingestreut wird, damit sich das Fohlen auf hartem Boden bewegen kann. Auch H1 und T2 betonen die Wichtigkeit der Bewegung eines Fohlens auf harten Böden, das dient zur Dehnung der tiefen Beugesehnen und regt zum Durchtreten an (Litzke et al. 2012). H1 und T2 führen das Dehnen weiter, per Hand oder mithilfe von gewinkelten Brettern kann die Gliedmaße mehrmals täglich gestreckt und der verkürzte Bandapparat gedehnt werden.

Adams und Santschi (2000) empfehlen eine ausgewogene Ernährung. T1 rät, die Energiezufuhr zu reduzieren, um das Ungleichgewicht der Knochen und des Bandapparates nicht weiter zu fördern.

Therapie: Bearbeitung und Beschlag – Kürzen der Trachten

Tritt der Bockhuf in der geringgradigen oder mittelgradigen Form auf, wird zunächst nur die Trachte weg geraspelt, um die tiefe Beugesehne zu strecken. Das Intervall für die Wiederholung sollte eine Woche sein (O'Grady 2012). Das Intervall hält auch H3 für angemessen, Kothes (2015) empfiehlt zwei Wochen, was dem bevorzugten Intervall von H2 mit zehn bis vierzehn Tagen nahe kommt. Die Hufbeschlagexperten gehen mit derselben Methode an die Bockhufbehandlung heran. H3 rät weiterhin dringend zur Abstellung der Ursache.

Therapie: Bearbeitung und Beschlag – Halbmondeisen

Das Halbmondeisen ist für T1 die einfachste Beschlagmethode. Es ist ein Eisen, welches am Zehenteil des Hufes angebracht wird und mit vier Nägeln befestigt wird. Das Eisen wird von jedem Hufschmied angewandt, sofern genagelt werden muss.

H2 sieht dieses Eisen lediglich als Schutz für die Zehe, damit diese nicht weiter abgenutzt wird. Körber (2006) erläutert, dass die Trachten näher Richtung Boden gesetzt werden und so abgelaufen werden. Ein Vernageln hierbei sehen die Experten als Risiko an.

Therapie: Bearbeitung und Beschlag – Bockhufschuh

Hertsch (1997) empfiehlt einen Alternativbeschlag und rät zu dem Dallmer Bockhufschuh. Laut T1 sollte die Zehenfläche vergrößert und erhöht sein, damit die Trachten Richtung Boden kommen und der Hufmechanismus weiterhin arbeiten kann.

Dieser machte bei geringgradigen Bockhufen die Erfahrung, dass nach vierzehn Tagen eine Besserung eintrat. Körber (2006) erwartet eine vollständige Korrektur des Bockhufs nach zehn bis zwölf Wochen. Hertsch (1997) gibt ein Intervall zum Wechseln von vier Wochen an, wo hingegen H1 den Schuh alle zwei bis drei Wochen wechselt.

Je nach Alter des Fohlens entscheidet H2, wann der Schuh erneuert wird, bei wenig Wochen alten Fohlen wird der Schuh nach fünf Tagen erneuert und bei Fohlen, die älter sind, kann der Schuh bis zu 21 Tage am Huf bleiben. Wird der Hufschuh zu lange am Huf gelassen, kann es zu Einschnürungen kommen, da der Schuh wenig Raum für das Wachstum des Hufes lässt (Hertsch et al. 1997). Aus diesem Grund empfiehlt H2 das Fohlen zwischen den Erneuerungen des Hufschuhs ein paar Tage barfuß laufen zu lassen, damit die Hornkapsel sich ausdehnen kann.

Statt den Zehenteil zu erhöhen, kann auch der Trachtenteil erhöht werden. Werden die Trachten soweit abgeraspelt, dass eine annähernd normale Hufform entsteht, können Keile angebracht werden, damit die Trachten belastet werden (Adams und Santschi 2000).

Alle zehn bis vierzehn Tage werden die Trachten weiter Richtung Boden gebracht (Entwistle und Krüdewagen 2006). Mit dieser Methode kann die gewünschte Belastung der Trachten von T1 gewährleistet werden, auch wenn diese Methode von O´Grady (2012) kritisch gesehen wird.

Therapie: Bearbeitung und Beschlag – Zehenextension

Ist die Zehe kurz und muss vor weiterem Abrieb geschützt werden, eignet sich die Zehenextension mit Kunststoff. H2, H3 und T3 sehen dies als Zehenschutz und zur Förderung des Durchtretens. Adam und Santschi (2000) setzten Kunstharz ein und modellieren die Zehe im gewünschten Hufwinkel, die Erweiterung wird in mehreren Bearbeitungsschritten entfernt, damit ein gesunder Huf entstehen kann (Entwistle und Krüdewagen 2006).

Therapie: Medikamente

Stashak und Adams (2010) vermuten die Muskeln als Zielorgan von Oxytetracyclin. Es erfolgt eine Entspannung der Muskeln und ein Durchtreten wird möglich (Adams und Santschi 2000). T3 begründet die Wirkungsweise mit einer kurzfristigen Calciumbindung im Muskel, welches zur Erschlaffung führt und T2 definiert die Wirkung als Aufweichen des Bandapparates.

Den von T2 und T3 genannten Nachteil, dass die Therapie bis zu einem bestimmten Alter angewandt werden muss, findet sich in der vorliegenden Literatur nicht wieder.

Therapie: Operation

Die Experten sind sich einig, dass nach mehrmaligen erfolglosen Versuchen zur Korrektur des Bockhufs ein Tierarzt die weitere Therapie übernehmen muss. Häufig ist die Durchtrennung des Unterstützungsbandes der tiefen Beugesehne notwendig. Litzke (2012) definiert den Zeitraum der begonnenen Behandlung bis zur Operation mit vier bis sechs Wochen. Um den postoperativen Schmerz gering zu halten, sollte eine Operation mit einer orthopädischen Bearbeitung einhergehen.

Es wird empfohlen, den Huf vor der Operation anzugleichen (Entwistle und Krüdewagen 2006). T1 und H2 sind der Meinung, dass die weitere orthopädische Behandlung essenziell ist, aber erst nach der Operation durchgeführt werden soll, so auch O´Grady (2012). Pferde, die innerhalb des ersten Jahres operiert werden, können später ohne Einschränkungen im Sport laufen (Stashak und Adams 2010).

Dies aber nur, sofern die Pferde nach der Operation langsam an die neue Belastung herangeführt werden, ergänzt T1. Besteht die Fehlbildung schon länger oder liegt ein hochgradiger Fall vor, kann die tiefe Beugesehne durchtrennt werden, was von T1 und T3 aufgrund der dadurch verursachten verringerten Belastbarkeit nicht empfohlen wird.

Methodenkritik

Die verwendete Interviewform ist das theoriegenerierende Experteninterview. Dieses fragt sowohl Wissen des Experten ab, zielt aber auch auf Erfahrungswerte (Bogner et al. 2014).

Der Leitfaden gibt dem Interview eine Struktur und stellt sicher, dass jedes Interview in dieselbe Richtung gelenkt wird (Gläser und Laudel 2010). Es kann an diesem Punkt Kritik geübt werden, da ein Leitfaden ein Interview zu sehr in eine Richtung drängen kann und wenig Platz für weiterführende Gedanken gelassen wird (Mayring 2015).

Es wurde allerdings darauf geachtet, dass jeder Experte jede Frage beantworten kann und der Leitfaden weniger streng befolgt wird, wie bei dem systematisierenden Interview. Eine Herausforderung stellt die Menge an Erfahrungswerten der Experten dar. Diese innerhalb eines geringen Zeitrahmens zu vermitteln, führt zu übersichts- sowie zusammenhangslosen Schachtelsätzen und Widersprüchen.

Auch eine Sprunghaftigkeit innerhalb verschiedener Themenfelder wird festgestellt (Gläser und Laudel 2010). Des Weiteren wird gefördert, Hypothesen und Theorien zu formulieren, um den Wissenstand zu erweitern (Gläser und Laudel 2010).

Werden Aussagen nicht getätigt, ist es nicht gleichbedeutend mit Ablehnung einer Theorie. Das bedeutet, dass einzelne Aspekte unter Umständen vergessen werden, aber doch der Meinung der Experten entsprechen. Zwei der sechs Experten werden über das Telefon interviewt, das spart sowohl Zeit für den Interviewpartner als auch den Interviewer.

Allerdings verliert das Gespräch an Qualität eventuelle Störungen oder Nebenaktivitäten der Interviewten werden nicht bemerkt und führen zu Ablenkungen. Mimik und Gestik werden nicht lenkend eingesetzt und es wird nur eine Kommunikationsebene eingesetzt (Gläser und Laudel 2010).

Diskussion der Methode

In dieser Abhandlung wird ein Überblick gegeben, wie ein erworbener Bockhuf entsteht und wie dieser behandelt wird.

Die Entstehungsursachen werden nur angerissen und es bedarf einer näheren Ausführung der einzelnen Ursachen. Diese sollten wissenschaftlich näher beleuchtet werden, um Zusammenhänge nachvollziehen zu können. Auch die Therapiemethoden werden genannt, aber nicht tiefergehend erläutert.

Eine sinnvolle Ergänzung wäre eine Abhandlung über jedes Verfahren, welche die Vorgehensweise genauer beschreibt. Die Auswirkungen des Bockhufs auf den gesamten Körper des Pferdes wurden bis auf die Beeinflussung der Schrittlänge nicht näher beschrieben. Interessant wäre hier eine Verschriftlichung aus Sicht von Physiotherapeuten oder Osteopathen, welche die Auswirkungen veranschaulichen.

Fazit

Abschließend ist zu sagen, dass die Aussagen der Experten und die Literatur in vielen Punkten sehr unterschiedlich sind. Jedoch wurden die meisten Erfahrungen von Experten auch von anderen Experten geteilt, oder von der Literatur bestätigt, sodass deutlich wird, dass es nicht die eine Ursache oder Lösung für den Bockhuf gibt und viele Wege für die Entstehung und der Korrektur möglich sind. Die individuelle Betrachtung eines jeden Falles wird groß geschrieben.

Auffällig ist, dass die Hufschmiede wenig Erklärungen abgeben, die über die Hufe und deren Bearbeitung hinaus gehen und auch andersherum. Die Tierärzte erläutern zumeist die Thematik rund um die nicht sichtbaren Strukturen der Gliedmaße. Es fehlt an einer Verknüpfung an den „äußeren" Elementen der Hufe und der „inneren" Strukturen der Gliedmaße, um eine umfassende Beschreibung und Erklärung des Bockhufes abzugeben.

Hier wäre eine Zusammenarbeit von Hufschmieden und Tierätzten mit Physiotherapeuten oder Osteopathen wünschenswert, um die Auswirkungen des Bockhufes auf den gesamten Körper zu betrachten. Das Thema Bockhuf ist also noch nicht „ausdiagnostiziert" und es bedarf noch einige Verknüpfungen unter den verschiedenen Experten.

Block 1: Die Entstehung des Bockhufs

- **Was ist die häufigste Ursache für die Entstehung?**
- **In welchem Alter tritt der erworbene Bockhuf erfahrungsgemäß auf?**
- **Treten in einem Stall mehrere Bockhufbildungen auf?**
- **Sehen Sie eine Heritabilität in der Entstehung des Bockhufes?**

Block 2: Förderung/Verlauf des Bockhufs

- **Was fördert die Ausbildung des Bockhufes?**
- **Gibt es ein „Endstadium"? Wenn nein, was ist der „worst case"?**

Block 3: Therapie des Bockhufs

- **Was ist Ihrer Ansicht nach die erfolgversprechendste Therapie?**
- **Wann ist ein chirurgischer Eingriff notwendig?**
- **Kommt es bei erfolgreich behandelten Fällen zu Rückfällen?**
- **Habens Sie negative Erfahrung mit einer Therapiemethode gemacht?**
- **Kann eine veränderte Haltungsform als Therapie genutzt werden?**

Adams, S.-B.; Santschi, E.-M. (2000): Management of Congenital and Acquired Flexural Limb Deformities. In: Proc Am Assoc Equine Pract, 46, S. 117–125.

Baxter, G. M. (2011): Adams and Stashak´s Lameness in Horses. 6. Aufl. Hoboken: John Wiles and Sons.

Bogner, A.; Littig, B.; Menz, W. (2014): Interviews mit Experten. 1. Aufl. Wiesbaden: Springer Fachmedien Wiesbaden.

Bogner, A.-L.; Littig, B.; Menz, W. (Hg.) (2009): Experteninterviews. Theorien, Methoden, Anwendungsfelder. 3. Aufl. Wiesbaden: VS Verlag für Sozialwissenschaften.

Buchner, F. (2012): Das Pferd in Bewegung, In: Litzke, L.-F.; Rau, B.; Ruthe, H. (Hg.) (2012): Der Huf. Lehrbuch des Hufbeschlages; 19 Tabellen. 6. Aufl. Stuttgart: Enke.

Carlier, S.; Oosterlinck, M.; Martens, A.; Pille, F. (2016): Treatment of acquired flexural deformity of the distal interphalangeal joint in the horse. In: Vlaams Diergeneekundig Tijdschrift, 85, S. 9–14.

Carstanjen, B.; Kraft, P. (2010): Angeborene und erworbene Beugefehlstellungen. In: pferde spiegel, 4, S. 162–168.

Entwistle, L.; Krüdewagen, E. (2006): Stellungsfehler beim jungen Pferd – wer kooperiert gewinnt. In: pferde spiegel, 1, S. 27–29.

Fuhrmann, B. (2015): Untersuchungen zur Häufigkeit von Röntgenbefunden der Röntgenklassen 1–4 (nach dem Röntgenleitfaden 2007) bei der Kör-, Auktions-, und Kaufuntersuchung. München, Diss.

Gläser, J.; Laudel, G. (2010): Experteninterviews und qualitative Inhaltsanalyse als Instrumente rekonstruierender Untersuchungen. 4. Aufl. Wiesbaden: VS Verlag (Lehrbuch).

Gößling, A. (2001): Untersuchung der Wirkung von Oxytetracyclin auf die Mechanik von Sehnen- und Muskelstrukturen des Musculus flexor digitalis profundus beim Pferd. Hannover, Diss.

Hertsch, B.; Höppner, S.; Dallmer, H. (1997): Der Huf und sein nagelloser Hufschutz. Möglichkeiten der Anwendung. 2. Aufl. Warendorf: FN-Verl. der Dt. Reiterlichen Vereinigung.

Isenbügel, E. (2002): Vom Wildpferd zum Reitpferd. In: Schweiz Arch Tierheilkd, 1, S. 323-329.

Klunder, P. (2000): Physikalische Auswirkungen der Trachtenhochstellung am Huf des Pferdes. Berlin Diss.

König, B., Macher, R., Polsterer-Heindl, E.; Sora, C.-M.; Hinterhofer, Ch.; Helmreich, M.; Böck, P. (2003): Stoßbrechende Einrichtungen am Zehenendorgan des Pferdes. In: Wien. Tierärztl. Mschr, 90, S. 267–273.

Körber, H.-D. (2006): Hufkrankheiten. Anatomie des Hufes, Ursachen, Entstehung, Entwicklung, Diagnose, Prognose und Therapie der Hufkrankheiten. 1. Aufl. Gelting: Asmussen.

Kothes, J.-M. (2015): Stelzfuß- und Bockhufbehandlung mit Oxytetracyclin. Eine retrospektive Studie zur Effektivität und medizinischen Vertretbarkeit dieser Therapiemaßnahme. Berlin, Diss.

Kruse, J.; Schmieder, C. (2014): Qualitative Interviewforschung. Ein integrativer Ansatz. 1. Aufl. Weinheim: Beltz Juventa (Grundlagentexte Methoden).

Lancaster, L.-S.; Bowker, R.-M. (2012): Acupuncture Points of the Horse's Distal Thoracic Limb: A Neuroanatomic Approach to the Transposition of Traditional Points. In: Animals, 2, S. 455–471.

Liebich, H.-G. (2004): Funktionelle Histologie der Haussäugetiere. Lehrbuch und Farbatlas für Studium und Praxis; mit 11 Tabellen. 4. Aufl. Stuttgart, New York: Schattauer.

Lingens, I.; Aiyan, A.; Budras, K.-D. (2011): Die Entwicklung der Hufpflege und des Hufbeschlages von der Antike bis in die Neuzeit. In: Pferdeheilkunde, 5, S. 514–521.

Litzke, L.-F.; Rau, B.; Ruthe, H. (Hg.) (2012): Der Huf. Lehrbuch des Hufbeschlages; 19 Tabellen. 6. Aufl. Stuttgart: Enke.

Mayring, P. (2015): Qualitative Inhaltsanalyse. Grundlagen und Techniken. 12. Aufl. Weinheim: Beltz (Beltz Pädagogik).

Nickel, R.; Schummer, A.; Seiferle, E. (1968): Lehrbuch der Anatomie der Haustiere. 3. Aufl. Stuttgart: Parey.

O'Grady, S.-E. (2012): Flexural deformities of the distal interphalangeal joint (clubfeet). https://www.equipodiatry.com/article_flexural_deformities.htm, zuletzt abgerufen am: 10.04.2020

Ramey, Pete; Bowker, Robert M. (2011): Rehabilitation and care of the equine foot. [practical instruction for the equine veterinarian, farrier and trimmer; details internal anatomy and development, caudal foot pain and laminitis treatment, plus help for countless other hoof problems]. Lakemont, Ga.: Hoof Rehabilitation Publ.

Robert J. Hunt (2012): Management of Clubfoot in Horses Foals to Adults. In: AAEP PROCEEDINGS, 58, S. 157–163.

Schoenberg, R.; Probst, A.; Hinterhofer, C.; Sopra, M.-C.; Böck, P. (2007): Zur Anatomie der Hufknorpel des Pferdes. In: Wien. Tierärztl. Mschr., 94, S. 149–156.

Solounias, N.; Danowitz, M.; Stachtiaris, E.; Khurana, A.; Araim, M.; Sayegh, M.; Natale, J. (2018): The evolution and anatomy of the horse manus with an emphasis on digit reduction. In: Royal Society open science, 1, S. 1–21.

Stashak, T. S.; Adams, O. R. (2010): Adams' Lahmheit bei Pferden. 4. Aufl. Hannover: Schaper.

Tnibar, A.; Christophersen, M. T.; Lindegaard, C. (2010): Minimally invasive desmotomy of the accessory ligament of the deep digital flexor tendon in horses. In: Equine vet. Educ., 22, S.141–145.

Ziermann, S. (2006): Energiesparmechanismen und Stoßdämpferfunktionen am Bewegungsapparat des Pferdes Eine Literaturrecherche. München, Diss.

Platz für Deine Notizen